Grundlagen Explosionsschutz

Donato Muro · Friedhelm Wolter

Grundlagen Explosionsschutz

Springer Vieweg

Donato Muro
Düsseldorf, Nordrhein-Westfalen, Deutschland

Friedhelm Wolter
Fachbereich Ingenieurwesen
Rheinische Hochschule Köln
Köln, Nordrhein-Westfalen, Deutschland

ISBN 978-3-658-45434-0 ISBN 978-3-658-45435-7 (eBook)
https://doi.org/10.1007/978-3-658-45435-7

Die Deutsche Nationalbibliothek verzeichnet diese Publikation in der Deutschen Nationalbibliografie; detaillierte bibliografische Daten sind im Internet über https://portal.dnb.de abrufbar.

Planung/Lektorat: Ralf Harms
Springer Vieweg ist ein Imprint der eingetragenen Gesellschaft Springer Fachmedien Wiesbaden GmbH und ist ein Teil von Springer Nature.
Die Anschrift der Gesellschaft ist: Abraham-Lincoln-Str. 46, 65189 Wiesbaden, Germany

Vorwort

Explosionsschutz ist gerade in den heutigen Zeiten aktueller denn je, nicht nur, weil die technischen Komponenten komplexer geworden sind, sondern weil auch die rechtlichen Rahmenbedingungen sich immer wieder verändern. Explosionsschutz ist im Allgemeinen wichtig, um Personen, Sachwerte und Anlagen zu schützen. Relevant ist wie bei allen anderen Aspekten der Sicherheitstechnik auch der Bezug zu den möglichen Ursachen. Explosionen haben mindestens drei Ursachendimensionen:

1. menschliches Fehlverhalten (absichtlich oder versehentlich),
2. defekte Materialien bzw. Arbeitsmittel.
3. Fehlerverkettung mit äußeren Einflüssen (z. B. Witterungseinflüsse)

Der Explosionsschutz ist darum bemüht, diese Dimensionen ganz auszuschließen bzw. die in ihnen liegenden Risiken auf ein Minimum zu reduzieren. Hierfür werden primäre, sekundäre und tertiäre Explosionsschutzmaßnahmen definiert. Dabei handelt es sich um Vermeidungsstrategien, die technische und organisatorische Eckpunkte zur Begrenzung von Auswirkungen möglicher Explosionen beinhalten.

Die Grundlagen des Explosionsschutzes basieren auf dem existenziellen Sicherheitsstreben von Menschen und auf den zahlreichen geltenden gesetzlichen Regelungen, die sowohl nationale als auch internationale Gültigkeit besitzen. Gerade vor dem Hintergrund der zunehmenden Internationalisierung ist darauf zu verweisen, dass die Unternehmen sämtliche Sicherheitsbestimmungen der Zielländer ihrer geschäftlichen Aktivitäten zu wahren haben. Internationale Vorschriften haben aber auch umfassenden Charakter. Beispielsweise hat die EU allgemeingültige Regelungen im EU-Gefahrenstoffrecht verankert. Ein anderes Beispiel sind die ATEX-Richtlinien der EU oder der National Electrical Code (NEC) in den USA. Für deutsche Unternehmen sind die EU-Vorgaben zu beachten, die es wiederum vorab zu ratifizieren gilt, damit sie nationale Bindungswirkung entfalten können.

Mit dem vorliegenden Buch wird das Wissen rund um den Explosionsschutz gebündelt. Es dient den Personen, die mit dieser anspruchsvollen Sicherheitstechnik befasst sind, als eine optimale Grundlage für Prüfungen, Evaluationen, Planungen und Diskussionen. Mit dem Buch wird der Anspruch erhoben, Theorie und Praxis des Explosionsschutzes bestmöglich zu verbinden. Der zentrale Ausgangspunkt hierfür sind die gesetzlichen Bestimmungen, die sodann in konkreten Handlungsempfehlungen ihren Niederschlag finden. Das Buch wendet sich auch an alle, die sich im Bereich des Explosionsschutzes weiterbilden möchten. Es spricht nicht nur Unternehmensführungen, Gewerkschaften und Arbeitnehmervertretungen an, sondern ebenso Personen, die eine Zertifizierung im Explosionsschutz erlangen wollen. Ein wesentlicher Aspekt für den Erfolg in der Anwendung, liebe Leserinnen und Leser, ist die Integration von theoretischem Wissen in reale Praxissituationen. Zahlreiche Anregungen hierzu finden sich im Buch.

Donato Muro

Inhaltsverzeichnis

Einleitung: Von der EU zum nationalen Recht

Jedes Fachbuch benötigt eine Struktur oder auch einen „roten Faden“, der alle Leserinnen und Leser bei deren individuellem Vorwissen abholt und systematisch zu neuem Wissen bringt. Gerade in anwendungsorient-technischen Bereichen bedarf es häufig der besonderen Betonung von rechtlichen Rahmenbedingungen. Der Explosionsschutz ist deshalb nicht nur als technische Disziplin zu verstehen. Vielmehr eignet sich der Explosionsschutz sehr gut die rechtlichen Aspekte praxisnah hervorzuheben. Zudem gilt es zu beachten, dass die mit dem Explosionsschutz beauftragten Personen entsprechenden Anforderungen ausgesetzt sind. Beispielsweise legen § 2 (5) BetrSichV und § 2 (16) GefStoffV die Voraussetzungen der Personen fest, die Explosionsschutzdokumente erstellen zu dürfen. Der Explosionsschutz im Allgemeinen ist allerdings weit umfassender und bedarf daher einer deduktiven Annäherung, also einer Herangehensweise, die vom Allgemeinen hin zum Speziellen ausgerichtet ist. Für deutsche Anwenderinnen und Anwender sind zunächst die Anforderungen der Europäischen Union von Bedeutung, auf die im Folgenden eingegangen wird.

EU-Anforderungen

Die für den EU-Raum geltenden ATEX-Richtlinien sind die wichtigste Grundlage für den Explosionsschutz. Die Bezeichnung ATEX kommt von der französischen Abkürzung für Atmosphères Explosives. Das Dokument beinhaltet aktuell (Stand: Februar 2022) zwei Richtlinien für den Explosionsschutz:

1. die ATEX-Produktrichtlinie 2014/34/EU und
2. die ATEX-Betriebsrichtlinie 1999/92/EG.

D. Muro und F. Wolter, *Grundlagen Explosionsschutz*,
https://doi.org/10.1007/978-3-658-45435-7_1

Grundlegendes zur ATEX-Richtlinie

Die ATEX-Richtlinie geht auf Art. 137 der gemeinsamen Europäischen Akte zum Schutz der Arbeitnehmerinnen und Arbeitnehmer zurück. Dieser sieht vor, dass der Europäische Rat durch Richtlinien Mindestvorschriften erlassen kann, die der Verbesserung der Arbeitsumwelt dienlich sind, um so die Sicherheit und Gesundheit der Arbeitskräfte zu schützen.

Gültigkeit besitzt die Richtlinie 2014/34/EU mit dem vollständigen Titel „Richtlinie 2014/34/EU des Europäischen Parlaments und des Rates vom 26. Februar 2014 zur Harmonisierung der Rechtsvorschriften der Mitgliedstaaten für Geräte und Schutzsysteme zur bestimmungsgemäßen Verwendung in explosionsgefährdeten Bereichen“.

Die ATEX-Leitlinie wurde 1994 als Richtlinie 94/9/EG veröffentlicht. 2014 erschien sie als 2014/34/EU in einer Neufassung zwecks Harmonisierung mit dem Neuen Rechtsrahmen (New Legislative Framework – NLF). Die ATEX-Leitlinien werden von der Generaldirektion Unternehmen und Industrie der Europäischen Kommission in Kooperation mit den Mitgliedstaaten, der europäischen Industrie, europäischen Normungsgremien und so genannten benannten Stellen (in Deutschland z. B. TÜV) ausgearbeitet.

Die ATEX-Richtlinien 2014/34/EU und 1999/92 sind für die EU-Mitgliedstaaten verbindlich. Diese müssen in ihrer nationalen Gesetzgebung die Inhalte der Richtlinien umzusetzen.

Die ATEX-Produktrichtlinie 2014/34/EU bestimmt die Regeln für das Inverkehrbringen von Produkten, die eingesetzt in explosionsgefährdeten Bereichen werden. Neben elektrischen gibt es auch Bezüge zu nicht-elektrischen Geräten. So kann beispielsweise eine drehende Kupplung durch unzulässig hohe Erwärmung zu Zündgefahren führen. Das Ziel der Leitlinie ist es demnach auch, auf solche vernetzten bzw. prozessimmanenten Problempotenziale hinzuweisen, um damit den Schutz von Personen zu erhöhen. Anhang II des Dokuments beinhaltet die wichtigsten Gesundheits- und Sicherheitsanforderungen, die es seitens der Hersteller einzuhalten gilt. Sie sind außerdem durch Konformitätsbewertungsverfahren nachzuweisen.

Seit 2003 dürfen nur noch nur Geräte, Komponenten und Schutzsysteme für die Verwendung in explosionsgefährdeten Bereichen in Verkehr gebracht werden, die den ATEX-Standards entsprechen. Bis 2016 war aufgrund des Art. 95 des EG-Vertrages über den freien Warenverkehr noch die Richtlinie 94/9/EG gültig. Seither ist die Richtlinie 2014/34/EU maßgebend, die in Deutschland, demnach im nationalen Recht, in der Explosionsschutzprodukteverordnung (11. ProdSV) ihren Niederschlag fand.

Zur Umsetzung der ATEX-Richtlinien können Normen angewendet werden, um die Sicherheits- und Gesundheitsanforderungen nachzuweisen. Für harmonisierte Normen, die im Official Journal (OJ) der Europäischen Kommission veröffentlicht werden, gilt die Vermutungswirkung.

Nationales Recht

Rechtsgrundlage für das nationale Recht sind die ATEX-Richtlinien. Diese wurden mehrfach in deutsches Recht überführt:

1. Die ATEX-Richtlinie 2014/34/EU zur Regelung der Konformität von Geräten und Schutzsystemen für den Einsatz in explosionsgefährdeten Bereichen, wurde in Deutschland durch die Explosionsschutzprodukteverordnung (ExVO 11. ProdSV) umgesetzt.
2. Die Richtlinie 94/9/EG (ab 2016: 2014/34/EU) betrifft vor allem Hersteller von explosionsgeschützten Geräten und legt Beschaffenheitsanforderungen fest. Betreiber von Anlagen, bei denen eine explosionsfähige Atmosphäre auftreten kann, müssen hingegen die Richtlinie 1999/92/EG beachten. Diese hat das Ziel, Arbeitnehmerinnen und Arbeitnehmer vor der Gefährdung durch explosionsfähige Atmosphären zu schützen. In Deutschland wird die Umsetzung dieser Richtlinie durch die Betriebssicherheitsverordnung (BetrSichV) geregelt.

Die Rechtsgrundlagen für den Explosionsschutz in Deutschland sind damit die ExVO und die BetrSichV.

Außerdem ist auf die Zertifizierung zu achten. Diese ist gerade für elektrische, explosionsgeschützte Betriebsmittel erforderlich. Es braucht entsprechende Zulassungen und Zertifizierungen. Die Prüfungen werden von einer amtlichen Prüfstelle durchgeführt, so z. B. von der PTB – Physikalisch Technische Bundesanstalt in Braunschweig. Interessant für internationale Strukturen ist hier die Akzeptanz von Zulassungen gemäß ATEX auch in vielen außereuropäischen Staaten.

Der Explosionsschutz wird überdies durch periphere Rechte aufrechterhalten, auch wenn es eben nicht nur um den Schutz vor Explosionen geht, sondern um Arbeitsschutz im Allgemeinen. Hier sind das Arbeitsschutzgesetz und die Gefahrstoffverordnung zu nennen.

Wiederum auf den Explosionsschutz bezogen: die berufsgenossenschaftlichen Explosionsschutz-Regeln (EX-RL) mit einem Bestand von mehr als 60 Jahren. In der aktuellen Fassung ist das Dokument eine Sammlung von allen explosionsschutzbezogenen technischen Regeln für Betreiber. Dieses Regelwerk beinhaltet weltweit die umfangreichste Beispielsammlung explosionsgefährderter Bereiche und Zonen einschließlich einer ständig aktualisierten Liste funktionsgeprüfter Gaswarngeräte. Formell lautet der Titel des Regelwerks: DGUV Regel 113–001. Die Deutsche Gesetzliche Unfallversicherung (DGUV) erlässt nach § 14 ff. SGB VII DGUV-Vorschriften als Unfallverhütungsvorschriften (UVV) und somit als verbindliche autonome Rechtsnormen (§ 15 SGB VII).

Brandschutz und Explosionsschutz

Im Anhang I GefStoffV werden Brandschutz- und Explosionsmaßnahmen vorgeschrieben. Dies führt zur Frage nach den Unterscheidungsmerkmalen von Brand- und Explosionsschutz, was zu der da diese Risikofelder einander beeinflussen , denn Brände können zu Explosionen und umgekehrt wiederum können Explosionen zu Folgebränden führen. Im physikalisch-chemischen Kontext hängen Brände und Explosionen eng zusammen. Brand und Explosion unterscheiden sich lediglich dadurch, dass brennbarer Stoff und Oxidationsmittel vorgemischt sind und in der Umsetzung mit unterschiedlichen Druckwirkungen einhergehen Es ist somit naheliegend Explosionsrisiken und Brandrisiken in der Beurteilung gemeinsam zu betrachten. Bei der Gestaltung von Schutzmaßnahmen gilt es indessen auf die erheblichen Unterschiede von Brandschutz- und Explosionsschutzmaßnahmen einzugehen, insbesondere auf die Detektion und die Schutzwirkungen. Gleiches gilt für die unterschiedlichen Folgewirkungen von Bränden und Explosionen. Daher bieten Brandschutzmaßnahmen auch keine ausreichende Sicherheit bei Explosionen und umgekehrt. Umso notwendiger ist eine Differenzierung der Schutzkonzepte bei Brandschutz und Explosionsschutz.

Maßnahmen zum Brandschutz

Alle Maßnahmen des Brandschutzes dienen der Prävention von Bränden in Gestalt der Ursachen-, Ausbreitungs- und Folgenminimierung. Hinzu kommen alle Maßnahmen die Rettung von Menschen und wirksame Löscharbeiten gewährleisten. Brandschutzmaßnahmen zielen auf das Beherrschen bzw. das Reduzieren von Branderscheinungen ab. Dazu gehören Feuer, Rauch und entsprechende Temperaturveränderungen, von denen wiederum nachhaltig negative Auswirkungen für den Menschen, die Umwelt oder die schützenswerten Sachwerte ausgehen können, einschließlich drohender Festigkeitsverluste statischer Gleichgewichtssysteme. Die Minimierung der Brandschäden erfordert demnach das Unterdrücken der Entzündung bzw. das wirksame Abtrennen der brennenden von den noch nicht brennenden Bereichen.

Für die Anwendung von Brandschutzmaßnahmen braucht es eine einzelfallbezogene Einschätzung der Gefahren. Die Brandgefährdung umfasst hierbei die Wahrscheinlichkeit einer Entstehung von Bränden, die Geschwindigkeit der Brandausbreitung und die Gefährdung von Personen durch Feuer, Wärme oder Rauch. Diese Gefährdungen müssen bewertet werden. Bestandteile dieser Bewertungen sind alle Faktoren, die direkt oder indirekt mit der Entstehung, der Ausbreitung und den Folgen eines Brandes verwoben sind. Im Fokus stehen betriebliche, örtliche und bauliche Elemente, deren konkrete Zusammensetzung mit drohenden Wechselwirkungen einzuordnen ist Es ist also eine den Brandschutz begünstigende Kombination zu erarbeiten, die letztlich in einem Brandschutzkonzept mündet, stets am Einzelfall auszurichten ist und den stofflichen, statischen und organisatorischen Eigenschaften gerecht zu werden vermag.

Maßnahmen zum Explosionsschutz

Bei Explosionen sind hohe Drücke bzw. auch extreme Geschwindigkeiten des Druckanstiegs von zentraler Bedeutung. Hinzu kommen hohe Temperaturen und Flammeinwirkungen. Eine Explosion kann Menschen, technische Anlagen und unmittelbar gefährden und mithin auch nachhaltigen Schaden verursachen. Auch Folgebrände sind möglich. Das bedeutet, dass eine Explosion unmittelbar zu Bränden von brennbaren Stoffen führt.

Gefährliche Atmosphären, die explosionsfähig sind, müssen so gefahrlos wie möglich beseitigt werden. Ist dies nicht möglich, bedarf es entsprechender Schutzmaßnahmen, um die Entwicklung einer gefährlichen explosionsfähigen Atmosphäre zu verhindern oder zumindest zu begrenzen. Da es stets mehrere Maßnahmen benötigt, sind diese zu einem schlüssigen Konzept zu bündeln. Zentrale Aspekte solcher Explosionsschutzkonzepte sind:

- Detektion für die Erkennung von Explosionsereignissen und vorlaufenden Druckwellen,
- Maßnahmen zur Verhinderung der Entstehung von Explosionen,
- Maßnahmen zur Reduzierung der Folgen einer Explosion.

Der letzte Punkt setzt sich aus Maßnahmen und Strategien zusammen, die vor allem auf eine Unterbrechung der Brände respektive Ausbreitung der Flammen abzielen. Ebenso zu berücksichtigen sind Maßnahmen und Strategien, die der Druckwirkung einer Explosion entgegenwirken.

Bei der Planung, Durchführung und Reflexion des Explosionsschutzes ist das Explosionsschutzdokument erforderlich. Dieses beinhaltet alle relevanten Maßnahmen, die den Explosionsschutz gewährleisten. Es dient zudem als Nachweis, dass ein Unternehmen die Explosionsgefährdungen ermittelt und, bewertet hat sowie entsprechende Vorkehrungen veranlasst wurden. Das setzt sodann auch die Definition von Schutzzielen voraus. Ferner ist die rechtliche Dimension des Explosionsschutzes hervorzuheben. So sind Risiken durch Versicherungsunternehmen abzusichern. Darüber hinaus können auch straf- und zivilrechtliche Folgen relevant werden, wie aus dem folgenden Beispiel hervorgeht:

Exkurs ins Recht: Acetylenexplosion bei Schweißarbeiten

(aus: Wilrch & Wilrich 2021, S. 51 ff.)

(Achtung: Der Fall ist aus dem Jahr 1999. Damalige Gesetzeslagen wurden aktualisiert. Das ändert die grundlegende Relevanz und den Zusammenhang zwischen Explosionsschutz und rechtlicher Würdigung nicht.)

Relevante Aspekte:

- *sicherheitswidrige Lagerung eines Arbeitsmittels*
- *Pflicht zur regelmäßigen Kontrolle und Durchsetzung von Maßnahmen des Arbeitsschutzes*
- *fehlende Kontrollen der Nutzung von Schutzausrüstungen, der sicherheitskonformen Arbeitsprozesse und der Tätigkeit einer Arbeitskraft gemäß Pflichtendelegation*
- *Wegfall des Vertrauensschutzes auf ordnungsgemäße Pflichterfüllung durch beauftragte Personen bei Zweifel an Zuverlässigkeit*
- *Garantenverantwortung für Unterlassung von Schutzmaßnahmen*
- *Wertungsfrage zur eigenverantwortlichen Selbstgefährdung von Beschäftigten vs. Verantwortung bzw. Mitverantwortung von Vorgesetzten*

Sachverhalt
Arbeitgeber A betrieb eine Baustelle auf dem Dümmersee. Um eine Brücke zu errichten, wurde ein Autogenschweißgerät verwendet. An dieses wurde jeweils eine 80 kg-Flasche Sauerstoff und Acetylen angeschlossen. Das Gerät und die Flaschen wurden von den Arbeitskräften in einer nicht belüfteten Pontonkammer gelagert. Die Höhe der Kammer war so klein, dass die Flaschen nicht aufrecht gestellt werden konnten. Die Arbeitskräfte stellten sie daher schrägliegend hinein. Sie nutzten das Schweißgerät dann so, dass die Gasflaschen in der Kammer verblieben und legten die Schläuche durch eine scharfkantige Einstiegsluke hinaus. Sie schlossen die Schläuche dann auf dem Ponton ans Schweißgerät an. Dann schlossen sie den Lukendeckel und unterlegten ihn mit einem Holzstück, um so die Schläuche zu schützen.

Der Arbeitnehmer A ermahnte den Vorarbeiter deswegen schriftlich. Er protokollierte die Verstöße gegen die Sicherheitsstandards. Hinzu kommt, dass Schwimmwesten für die Arbeitskräfte zwar in ausreichender Zahl vorhanden waren, aber das Personal nutzte sie nicht. Das verantwortliche Amt für Arbeitsschutz besuchte die Baustelle und kritisierte diese Rahmenbedingungen.

Ein Mitarbeiter nutzte später das Schweißgerät und schloss nach Beendigung seiner Tätigkeit die Flaschenventile nicht ab. Er drehte die Schweißgaszufuhr am Gerät ab. Nun gab es ein Leck im Bereich zwischen der Acetylenflasche und dem in der Pontonkammer befindlichen Teil des Schlauchs. So füllte sich die Kammer mit einem explosionsfähigen Gemisch aus Acetylen und Sauerstoff. Das Gemisch breitete sich dann durch die nicht korrekt verschlossene Luke aus. In diesem Moment nutzte ein Vorarbeiter ein Elektroschweißgerät. Das Acetylen-Luft-Gemisch entzündete sich vermutlich infolge eines Kurzschlusses im Kondensator.

Der Vorarbeiter wurde schwer verletzt. Er starb dann durch Ertrinken. Zwei Arbeitskräfte erlitten leichte Verletzungen. Eine dieser Personen war zum ersten Mal mit solchen Arbeiten beschäftigt.

Vier Wochen nach dem Vorfall war das Amt für Arbeitsschutz wieder zur Besichtigung der Baustelle vor Ort – und wieder trugen die Arbeitskräfte keine Schwimmwesten.

Urteil:
Das zuständige Amtsgericht verurteile den Arbeitgeber A zu einer Geldstrafe wegen fahrlässiger Körperverletzung. Eine Verurteilung wegen fahrlässiger Tötung erfolgte nicht. Das Landgericht verringerte später die Strafe. Das Oberlandesgericht verwarf die Revisionen der Staatsanwaltschaft und des Angeklagten A. Das Urteil des Landgerichts wurde bestätigt mit folgender Begründung:

1. A hat zwar die Sicherheitspflicht auf den Vorarbeiter übertragen, aber er hat die Einhaltung der Sicherheitsstandards nicht überwacht.
2. Der Vorarbeiter und eine weitere Arbeitskraft haben sich selber in Gefahr gebracht, wo A kein strafrechtlicher Vorwurf gemacht werden kann.

Über den Explosionsschutz hinaus lassen sich bisher drei Problemfelder aufzeigen: Die falsche Lagerung explosiver Stoffe, die fehlende Kontrolle der Arbeitsmaterialien (Loch im Schlauch) und die Verweigerung, Schwimmwesten am Arbeitsort zu tragen.

Gemäß dem Oberlandesgericht sind zwei Dimensionen zu berücksichtigen:

1. Verantwortlichkeit des Arbeitgebers A
2. Pflichtverletzungen des Arbeitgebers A

Verantwortlichkeit des Arbeitgebers A
Dem Arbeitgeber A wurde ein Unterlassen zum Vorwurf gemacht. Er hätte bestimmte Schutzmaßnahmen nicht ergriffen und so den Unfall nicht abgewendet. Für eine Strafwidrigkeit von Unterlassen gilt § 13 StGB. Dort wird vorausgesetzt, dass man für die schädlichen Folgen eines Unfalls „einstehen" muss bzw. dass eine rechtliche Handlungspflicht besteht. § 618 BGB verpflichtet zu Schutzmaßnahmen.

Pflichtverletzung des Arbeitgebers A
Das Gericht warf zwei Pflichtverletzungen vor: fehlende Kontrolle der Nutzung von Schwimmwesten (immerhin ertrank der Arbeiter!) und fehlende Kontrolle bei der Nutzung des Schweißgerätes.

Es wurden noch weitere Themen diskutiert, so etwa Fragen der Pflichtdelegation und des Überwachungsverschuldens. Der Arbeitgeber A hatte seine Kontrollpflichten auf den zuverlässigen Vorarbeiter übertragen, aber er kam seiner Pflicht zur Überwachung nicht nach. Niemand hat sozusagen den Kontrolleur kontrolliert. Natürlich spielte auch die eigenverantwortliche Selbstgefährdung der Arbeitskräfte eine tragende Rolle. Den verletzten Arbeitskräften und dem verstorbenen Vorarbeiter waren die Gefährdungen bewusst. Arbeiten in unmittelbarer Wassernähe ohne Schwimmweste und das falsche Lagern explosiver Stoffe sind zwei tragende Aspekte. Der Arbeitgeber A kann hier nicht in Schuld genommen werden, denn die Arbeitskräfte haben eigenverantwortlich ihre Gesundheit riskiert. Eine bewusste Selbstgefährdung hat nichts mit einer Körperverletzung oder mit einem Tötungsdelikt zu tun, was dem Arbeitgeber A auch nicht zur Last gelegt wurde.

Das Urteil wird noch ausführlicher von Thomas Wilrich und Cordula Wilrich besprochen. An dieser Stelle sei auf ihr Buch *Gefahrenstoffrecht vor Gericht* (2021) verwiesen. Darin befinden sich insgesamt 40 Urteilsanalysen. Das hier exemplarisch vorgestellte Urteil bzw. das Fallbeispiel soll deutlich machen, dass Explosionsschutz nicht nur rechtlich relevant ist, sondern dass auch Menschenleben davon abhängen und dass es konsequenter Maßnahmen erfordert, um den Explosionsschutz gewährleisten zu können. Das Beispiel zeigt außerdem, wie eine Verkettung unglücklicher Umstände dazu führen kann, dass Verletzungen und Tod eintreten können. Dramatische Auswirkungen sind bei Explosionsereignissen durchaus üblich. Vielmehr gilt es den allgegenwärtigen Gefahren durch konsequente Einhaltung und Überwachung von Sicherheitsvorschriften entgegenzutreten. Es gilt im Grundsatz immer ein „Mehr als Weniger“ an Aufmerksamkeit, Sorgfalt und Pflichtbewusstsein in das tägliche Handeln einzubringen, mag die Routine diesen Attributen noch so unbedeutend erscheinen lassen.

Aufbau des Buches

Das Buch ist so aufgebaut, dass es didaktisch den besten Nutzen liefert. Ausgehend von der Annahme, dass alle Leserinnen und Leser über unterschiedliches Vorwissen verfügen, unterschiedliche Ausbildungen absolviert haben und auch in verschiedenen Berufsfeldern im Einsatz sind, ist der erste große Teil des Buches der Theorie gewidmet. Wie bei jeder Sache, die es neu zu erlernen gilt, braucht es ein solides Hintergrundwissen. Explosionsschutz ist nicht nur eine rein praktische Angelegenheit, sondern in theoretische Diskurse eingebettet. Es geht demnach nicht nur um die Anwendung praktischer Kompetenzen im Sinne einer anwendungsorientierten Fähigkeit. Explosionsschutz ist aber weit mehr als eine reine Fähigkeit. Es ist ein umfangreiches Konzept, das sich aus vielen

Feldern zusammensetzt. Im theoretischen Teil erfolgt eine schrittweise und nachhaltige Themenheranführung. Diese Schritte entsprechen wiederum einem möglichen Vorgehen in der Praxis. Zunächst werden alle wesentlichen Informationen zur Gefährdungsbeurteilung als Ausgangspunkt aller praktischen Überlegungen vorgestellt. Denn es gilt allen Entscheidungsträgerinnen und Entscheidungsträger die Gefahren und ebenso wirksame Präventionsmechanismen nahezubringen, um Einfluss auf die Arbeitssystemgestaltung zu nehmen. Daran schließt sich eine Darstellung von Kompetenzansprüchen, also die Profilierung von erforderlichen individuellen Fähigkeiten für Tätigkeiten und Verantwortung Übertragungen im Explosionsschutz an. Die Stoffkunde ist ein weiterer Schwerpunkt zur Erläuterung und Abschätzung von Wirkungen im Kontext der Risikoeinordnung im Explosionsschutz. Neben der Beschreibung und Erklärung von Substitutionsprüfung und Substitutionsentscheidung wird auf die Explosionsschutzzonen eingegangen, um daran anschließend die Schutzmaßnahmen vorstellen zu können.

Der zweite große Teil des Buches ist dem aktiven Explosionsschutz gewidmet. Ausgehend vom verantwortlichen Personal in den Unternehmen werden Betriebsmittel, bauliche, technische und organisatorische Maßnahmen vorgestellt. In diesem Zusammenhang folgen auch die Inhalte zur Instandhaltung und zur Überprüfung der Explosionsschutzmaßnahmen. Der vierte Teil umfasst den Aufbau, Inhalte sowie das Erstellen von Explosionsschutzdokumenten.

Am Ende des Buches werden die wichtigsten Aspekte für eine abschließende Bilanz zusammengefasst.

Theoretische Grundlegung

In der Einleitung konnte bereits auf eine zentrale Kategorie der Explosionsschutztheorie gedeutet werden: auf das Recht. Die rechtlichen Bestimmungen legen die Handlungsmöglichkeiten von Unternehmen, Prüferinnen, Prüfern und Weiterbildnerinnen sowie Weiterbildern fest. Hinzu kommen in der Theorie Modelle und Konzeptionen aus der Technik, der Chemie und auch der Architektur. Zur Theorie gehört es also nicht nur gesetzliche Anforderungen zu kennen, sondern auch potenzielle Gefährdungen einzuordnen und gleichzeitig diesen Gefährdungen entgegenwirken zu können. Beispielsweise gibt es 13 unterschiedliche Zündquellen, die in Verbindung mit Sauerstoff und einem brennbaren Stoff stehen zur Entzündung führen können. Zur Theorie gehört es auch zu wissen, was eine Explosion überhaupt ist bzw. wie sie entsteht:

Eine Explosion kann entstehen, wenn es eine Schnittmenge gibt zwischen Sauerstoff, einem brennbaren Stoff und einer Zündquelle. Fehlt einer dieser drei Aspekte, kann eine Explosion nicht stattfinden. Eine Explosion ist eine exotherme Reaktion. „Exotherm" ist eine chemische Reaktion dann, sofern sie mehr Energie freisetzt als ihr ursprünglich als Aktivierungsenergie zugeführt wurde. Um mit solchen Reaktionen bestmöglich umgehen zu können, braucht es nicht nur grundlegendes und weiterführendes Chemiewissen, sondern auch einen geschulten Blick auf die jeweiligen örtlichen Bedingungen.

D. Muro und F. Wolter, *Grundlagen Explosionsschutz*,
https://doi.org/10.1007/978-3-658-45435-7_2

Lernziele

In diesem Kapitel lernen Sie …

… was eine angemessene Beurteilung von möglichen Gefährdungen zu beinhaltet
… welche Inhalte regelmäßigen Weiterbildungsbedarf notwendig machen
… über welche Kompetenzen Sie verfügen müssen, wenn Sie mit dem Explosionsschutz betraut sind.
… die wichtigsten chemischen Grundlagen für Explosionen kennen.
… was eine Substitutionsprüfung ist und wie eine Substitutionsentscheidung vollzogen werden kann.
… den Explosionsschutz in Zonen zu gliedern.
… die wichtigsten Schutzmaßnahmen und deren Effekte kennen.

Gefährdungsbeurteilung

Die Gefährdungsbeurteilung umfasst als zentrales Element des betrieblichen Arbeitsschutzes die systematische Beurteilung der für die Beschäftigten mit Ihrer Arbeit verbundenen Gefährdungen und Belastungen. Sie bildet damit eine wesentliche Grundlage für die Ableitung zielgerichteter Arbeitsschutzmaßnahmen. Die gesetzliche Basis für die Gefährdungsbeurteilung ist das Arbeitsschutzgesetz (§§ 5, 6).

Auf Basis einer Gefährdungsbeurteilung sind die erforderlichen Maßnahmen zur Verbesserung des Arbeitsschutzes festzulegen.

Die Gefährdungsbeurteilung im Explosionsschutz bezieht sich auf die folgenden Teilbereiche:

- Arbeitsplatz
- Tätigkeiten mit Gefahrenstoffen
- Tätigkeiten mit gefährlichen Arbeitsmitteln

Somit kann für den Explosionsschutz die folgende Definition einer Gefährdungsbeurteilung konzipiert werden:

Eine Gefährdungsbeurteilung ist eine systematische und zielgerichtete Analyse und Auswertung von explosionsorientierten Gefährdungen in bestimmten Anlagen, bei denen am Arbeitsplatz Gefahrenstoffe und/oder gefährliche Arbeitsmittel zum Einsatz kommen. Das Ziel der Gefährdungsbeurteilung besteht in der Analyse und der Auswertung von Handlungskonsequenzen für mehr Sicherheit am Arbeitsplatz, um die Gesundheit der Arbeitskräfte bestmögliches schützen zu können. Eine Gefährdungsbeurteilung ist zunächst immer präventiv zu denken.

Die Beurteilung der Arbeitsbedingungen (Gefährdungsbeurteilung) gemäß § 5 ArbSchG (Arbeitsschutzgesetz) verpflichtet alle Arbeitgeber unabhängig von der Anzahl der Beschäftigten, die Arbeitsbedingungen zu ermitteln und zu beurteilen, um Gefährdungen zu erkennen, die ein Risiko für die Gesundheit und Sicherheit der Arbeitskräfte darstellen können. Erst auf Basis einer Analyse des Arbeitsplatzes können notwendige Schutzmaßnahmen bestimmt werden. Gleichzeitig gilt es nicht nur die Schutzmaßnahmen festzulegen und umzusetzen, sondern auch deren Wirksamkeit zu kontrollieren.

Der Arbeitsplatz ist nicht nur durch den Ort der auszuführenden Tätigkeit gekennzeichnet, sondern auch durch die Beschäftigten. Hierbei ist hervorzuheben, dass nach dem Arbeitsschutzgesetz auch arbeitnehmerähnliche Personen zu berücksichtigen sind. Ausnahmen hiervon sind Personen, die zuhause beruflich tätig sind, zudem Soldatinnen, Soldaten, Richterinnen, Richter sowie Beamtinnen und Beamte.

Die Gefährdungsbeurteilung für den Arbeitsplatz bezieht sich vor allem auf allgemeine Gefährdungen und ist noch nicht so sehr auf die Gefährdungsbeurteilung durch Brände oder Explosionen bezogen.

Bei Tätigkeiten mit Gefahrenstoffen ist in der beruflichen Praxis, insbesondere in der Industrie, der Umgang mit chemischen Stoffen üblich. Das bedeutet, dass Menschen grundsätzlich diesen Stoffen ausgesetzt sind. Deshalb ist sowohl eine Sorge als auch eine Sorgenfreiheit erforderlich. Die Sorgenfreiheit darf nicht als Desinteresse oder Ignoranz missverstanden werden. Vielmehr ist die Sorge um den Explosionsschutz dafür verantwortlich, dass die Arbeitskräfte sorglos mit den gefährlichen Stoffen arbeiten können. Im Optimalfall brauchen sie sich also nicht um ihr Leben oder ihre Gesundheit zu sorgen, obwohl natürlich ein vorsichtiges Vorgehen geboten ist.

Gemäß Art. 2a Richtlinie 98/24/EG sind alles chemische Stoffe, die chemische Elemente oder Verbindungen sind, die einzeln oder als Gemisch vorkommen. Sie können sowohl natürlich vorkommen als auch durch Arbeitsprozesse entwickelt werden. Auch chemische Elemente und Verbindungen als Abfallprodukte zählen hierunter. Dabei spielt es keine Rolle, ob sie absichtlich oder zufällig erzeugt werden und ob sie in Verkehr gebracht werden oder nicht Eine Klassifizierung erfolgt in drei Bereiche:

- Stoffe (chemische Elemente oder chemische Verbindungen)
- Erzeugnisse (Stoffe oder Zubereitungen mit spezifischer Gestalt, Oberfläche oder Form)
- Zubereitungen (Gemenge, Gemische und Lösungen aus zwei oder mehreren Stoffen)

Die Tätigkeiten umfassende chemischen bzw. verfahrenstechnischen Prozesse, sondern auch Produktion, Lagerung, Entsorgung, Transport bzw. Beförderung und Behandlung sowie den Umgang mit den Stoffen. Sämtliche Arbeitsschritte gilt es zu überwachen, sofern gefährdungsbezogene Eintrittswahrscheinlichkeiten gegeben sind. Demgemäß müssen alle Vorgänge und Zustände einer beruflichen Tätigkeit in die Gefährdungsbeurteilung einfließen, einschließlich der. An- und Abfahrvorgänge von Prozessen, Reinigungsarbeiten, Wartung und Instandsetzung, Aufräumung und Räumung, Abbruch sowie der Umgang mit Betriebsstörungen. Es werden jeweils Tätigkeiten mit Gefahrenstoffen ausgeführt, sodass die Beurteilung möglicher Gefährdungen notwendig ist.

Wichtig ist hierbei die Definition eines Gefahrenstoffes. § 2 GefStoffV sagt hierzu:

„(1) Gefahrstoffe im Sinne dieser Verordnung sind

1. gefährliche Stoffe und Gemische nach § 3,
2. Stoffe, Gemische und Erzeugnisse, die explosionsfähig sind,
3. Stoffe, Gemische und Erzeugnisse, aus denen bei der Herstellung oder Verwendung Stoffe nach Nummer 1 oder Nummer 2 entstehen oder freigesetzt werden,
4. Stoffe und Gemische, die die Kriterien nach den Nummern 1 bis 3 nicht erfüllen, aber aufgrund ihrer physikalisch-chemischen, chemischen oder toxischen Eigenschaften und der Art und Weise, wie sie am Arbeitsplatz vorhanden sind oder verwendet werden, die Gesundheit und die Sicherheit der Beschäftigten gefährden können,
5. alle Stoffe, denen ein Arbeitsplatzgrenzwert zugewiesen worden ist.“

§ 3 GefStoffV beinhaltet einen Kriterienkatalog zur Gefährdungsbewertung chemischer Stoffe. Dabei sind vier Gefahrenkategorien relevant: physikalische Gefahren, Gesundheitsgefahren, Umweltgefahren und sonstige bzw. weitere Gefahren.

Eine Explosion ruft mehrere Gefährdungen hervor, und umgekehrt kann von mehreren Gefahrenstoffen eine Explosion ausgehen. Brände und Explosionen sind als Reaktionen zu verstehen, weil es zu Umsetzungsprozessen von festen, flüssigen oder gasförmigen Stoffen kommt bei einer zeitgleichen und hohen Energiefreisetzung. Ein Brand oder eine Explosion können jeweils fremdentzündet oder selbstentzündet werden. In Abhängigkeit von den spezifischen Eigenschaften einzelner Stoffe oder mehrerer Stoffe in Kombination miteinander, können die unterschiedlichsten Gefahren entstehen. Die Gefährdungsbeurteilung muss diese im Blick haben und Maßnahmen zum Schutz der beteiligten Personen ableiten. § 6 GefStoffV legt überdies fest, dass ein Arbeitgeber eine Gefährdungsbeurteilung durchführen muss. Diese ist auch im Kontext der Beurteilung von Arbeitsbedingungen gemäß § 5 ArbSchG einzuordnen. Weiterhin legt § 6 GefStoffV fest, dass explizit nach Explosionsgefährdungen gesucht werden muss.

Zu beachten sind:

- Gemische brennbarer Stoffe mit Luft (atmosphärische Bedingungen)
- explosionsfähige Gemische bei nicht-atmosphärischen Bedingungen
- explosionsfähige Gemische, bei denen Luft nicht das Oxidationsmittel ist
- Explosionspotenziale durch Zersetzung instabiler Gase

Explosionsgefährdungen, die von gefährlichen Stoffen ausgehen, sind gegenwärtig, wenn eben diese Gefahrenstoffe in den Arbeitsprozessen vorkommen. Die Einordnung dieser Gefahrstoffe ist über mehrere Kriterien zu bestimmen. Diese befinden sich in Anhang I der Verordnung (EG) Nr. 1272/2008, ist online einsehbar und lässt sich mit dem Suchbegriff „EG Nr. 1272/2008" schnell als PDF-Dokument finden. Der vollständige Titel lautet:

VERORDNUNG (EG) Nr. 1272/2008 DES EUROPÄISCHEN PARLAMENTS UND DES RATES vom 16. Dezember 2008 über die Einstufung, Kennzeichnung und Verpackung von Stoffen und Gemischen, zur Änderung und Aufhebung der Richtlinien 67/548/EWG und 1999/45/EG und zur Änderung der Verordnung (EG) Nr. 1907/2006

Zu bedenken bei einer Gefährdungsbeurteilung sind die Einwirkungen auf die Gefahrstoffe. Sowohl physikalische Faktoren wie z. B. Druck als auch chemische Reaktionen sind als Sicherheitsrisiken zu erfassen. Tätigkeiten mit Gefahrstoffen und korrespondierende physikalisch-chemische Einwirkungen befördern Brand- und Explosionsgefahren über die folgenden Bedingungen oder Entwicklungen:

- explosionsfähige Stoffe, Zubereitungen, Gemische, Erzeugnisse,
- brennbare Gase, Aerosole, Feststoffe, Flüssigkeiten,
- selbstentzündbare Stoffe,
- Stoffe, die bei Wasserkontakt oder feuchter Luft entzündbare Gase bilden,
- aufgewirbelter brennbarer Staub,
- Stoffe mit oxidierenden Eigenschaften,
- Stoffe mit brandfördernden Eigenschaften,
- instabile Stoffe (chemisch / thermisch),
- gefährliche exotherme Reaktionen.

Überdies ergeben sich Explosionsrisiken durch freigesetzte Arbeitsstoffe. Dies ist insoweit von besonderer Bedeutung ist, als dass hier auch Stoffe zu Risiken werden, die ansonsten als nicht gefährlich eingestuft werden. Die Risiken ergeben sich durch spezifische physikalisch-chemische Eigenschaften, durch chemische Eigenschaften, durch toxikologische Eigenschaften, durch den Einsatz dieser Stoffe am Arbeitsort sowie durch die besonderen Bedingungen der Arbeitsprozesse einschließlich aller Einwirkfaktoren.

Die Merkmale über die Gefahren von Stoffen, Zubereitungen und Erzeugnissen sind auch auf solche Gefahren anzulegen, die diese Eigenschaften erst bei Herstellung oder Verwendung bilden. Dadurch sind auch solche Stoffe, Zubereitungen und Erzeugnisse als explosionsfähig einzustufen.

Ein weiterer Aspekt sind Explosionsgefährdungen durch chemische Wechselwirkungen. Wechselwirkungen sind Prozesse, bei denen sich mindestens zwei Elemente beeinflussen. In Bezug auf Gefahrstoffe sind Wechselwirkungen dahingehend relevant, dass sie die Wirkungen der jeweiligen Stoffe verstärken können.

Kommen bei Arbeitsprozessen mehrere Gefahrstoffe gleichzeitig zum Einsatz, ergeben sich diese Wechselwirkungen, die sich so dann zu einem Risiko werden können.

Besondere Vorsicht ist bei Stoffen respektive Gefahrstoffen geboten, bei denen chemische Reaktionen unweigerlich vorkommen und bei denen eine chemische Instabilität vorliegt.

Gefährdungsbeurteilung bei Tätigkeiten mit gefährlichen Arbeitsmitteln

Bei der Gefahrenbeurteilung ist auch auf die Arbeitsmittel zu achten, die sich durch eine gesonderte Definition ergeben. Ganz allgemein zählen zum Begriff der Arbeitsmittel alle Werkzeuge, Maschinen, Geräte und Anlagen, die benutzt werden können, um Arbeitsprozesse durchzuführen. Die Spanne reicht somit vom einfachen Hammer bis zur komplexen Chemieanlage. Jedes Arbeitsmittel sollte so sicher im Gebrauch sein, dass Risiken für Menschen und Gegenstände auf ein Minimum reduzierbar sind. Die Gefährdungsbeurteilung zielt u. a. auf die Beschaffenheit und die Anwendung der Arbeitsmittel ab. Sie gilt auch für überwachungsbedürftige Anlagen, die ohne aktive Arbeitskräfte auskommen. Bevor ein Arbeitgeber entsprechende Arbeitsmittel zur Verwendung bereitstellt, ist eine Gefährdungsbeurteilung vorzunehmen, um Schutzmaßnahmen ableiten zu können. Eine Gefährdungsbeurteilung muss dabei zwingend von der aktuellen Technik stand ausgehen und regelmäßig erfolgen. Das bedeutet: Gibt es neue und relevante technische Erkenntnisse, ist eine Gefährdungsbeurteilung zu aktualisieren. Sollte dann eine Anpassung der Schutzmaßnahmen notwendig sein, muss diese durchgeführt werden. Sollte es keiner Aktualisierung bedürfen, ist dies schriftlich festzuhalten.

Auch bei der Gefährdungsbeurteilung von Arbeitsmitteln ist auf Wechselwirkungen zu achten, sowohl auf Wechselwirkungen zwischen den Arbeitsmitteln als auch zwischen Arbeitsmitteln und Arbeitsumgebung sowie Arbeitsstoffen. Entscheidend sind die betriebstechnischen Zusammenhänge sowie die räumlichen Bedingungen. Diese gegenseitige Beeinflussung zwischen Arbeitsmitteln, Arbeitsstoffen und Arbeitsumgebung ist vertieft zu betrachten. Einerseits ist die bereits beschriebene unmittelbare gegenseitige Beeinflussung hervorzuheben. Zudem ist die gegenseitige Beeinflussung der Wirkungen der Wechselwirkungen zu berücksichtigen, da sich definierte, also erkannte Gefährdungen verändern können. Hier ist das Augenmerk auf die entsprechenden Risiken von Kombinationswirkungen zu richten.

Anlagen sind hingegen deutlich komplexer als einzelne Arbeitsstoffe oder Arbeitsmittel, weil sie sich aus mehreren technischen Komponenten zusammensetzen, die ihrerseits mehrere Funktionselemente bereitstellen. Diese Komplexität folgt aus den zu synchronisierenden Betriebsabläufen. Der Betrieb von Anlagen ist so sicher wie möglich zu gestalten. Daher sind die wie vor beschriebenen Wechselwirkungen in strukturierte und kontrollierbare Prozesse einzubetten. Im Fokus stehen dabei u. a. überwachungsbedürftige Anlagen.

Der Begriff „überwachungsbedürftige Anlage“ wird in § 2 Nr. 1 des deutschen Gesetzes über überwachungsbedürftige Anlagen definiert. Andere Gesetze und Verordnungen, wie zum Beispiel § 2 Abs. 13 der Betriebssicherheitsverordnung (BetrSichV), verweisen auf diese Definition. Davor galt das Produktsicherheitsgesetz (alte Fassung) für die Herstellung bzw. Errichtung von Anlagen, die gewerblichen oder wirtschaftlichen Zwecken dienen oder durch welche Beschäftigte gefährdet werden können. Nach § 2 Nr. 30 des Produktsicherheitsgesetzes (alte Fassung) zählen zum abschließenden Katalog der überwachungsbedürftigen Anlagen:

1. Dampfkesselanlagen mit Ausnahme von Dampfkesselanlagen auf Seeschiffen,
2. Druckbehälteranlagen außer Dampfkesseln,
3. Anlagen zur Abfüllung von verdichteten, verflüssigten oder unter Druck gelösten Gasen,
4. Leitungen unter innerem Überdruck für brennbare, ätzende oder giftige Gase, Dämpfe oder Flüssigkeiten,
5. Aufzugsanlagen,
6. Anlagen in explosionsgefährdeten Bereichen,
7. Getränkeschankanlagen und Anlagen zur Herstellung kohlensaurer Getränke,
8. Acetylenanlagen und Calciumcarbidlager,
9. Anlagen zur Lagerung, Abfüllung und Beförderung von brennbaren Flüssigkeiten.

Überwachungsbedürftige Anlagen sind betrieblich besondere Anlagen, weil sie ein erhöhtes Risiko aufweisen in Bezug auf Brände, Explosionen oder überhaupt auf die Gesundheit der Arbeitskräfte. Auch Anlagen in explosionsfähigen Bereichen gelten als überwachsbedürftig.

Eine weitere Besonderheit sind explosionsfähige Anlagen. Darunter sind Anlagen zu verstehen, die per definitionem eine in sich geschlossene Einheit bilden und sich aus mehreren Komponenten explosionsschutzrelevanter Art zusammensetzen. Zu überwachungsbedürftigen Anlagen gehören auch Einrichtungen, die den sicheren Betrieb von überwachungsbedürftigen Anlagen gewährleisten. Die beiden Felder bilden eine Funktionseinheit. Zu berücksichtigen sind beispielsweise Mess- oder Regel- oder auch Steuereinrichtungen, die sich räumlich betrachtet innerhalb oder außerhalb von überwachungsbedürftigen Anlagen befinden. Auch die dazu erforderliche Energieversorgung muss in die Gefährdungsbeurteilung einfließen.

Die Betriebssicherheitsverordnung bestimmt auch über den Schutz von Dritten innerhalb überwachungsbedürftiger Anlagen. Bei einer Gefährdungsbeurteilung ist also auch auf diese dort tätigen Personen zu achten.

Zusammenfassung der Gefährdungsbeurteilung

- Die Gefährdungsbeurteilung bildet die Grundlage für die Planung und Umsetzung des Explosionsschutzes.

- Beim Explosionsschutz ist es auch wichtig, den Brandschutz zu berücksichtigen.
- Die Gefährdungsbeurteilung umfasst drei große Bereiche: Arbeitsplatz, Gefahrstoffe und Arbeitsmittel.
- Eine strikte Trennung zwischen diesen Bereichen ist in der Praxis oft nicht möglich.
- Besondere Aufmerksamkeit sollte Wechselwirkungen zwischen einzelnen Elementen geschenkt werden.
- Die Gefährdungsbeurteilung muss sich auch auf periphere Systeme beziehen (Arbeitssystem einschließlich der Arbeitsumgebung), also auf Aspekte, die indirekten Einfluss auf die Explosionsgefährdung haben.
- Die Gefährdungsbeurteilung besteht aus Analyse und Auswertung und ermöglicht die Ableitung von Maßnahmen für den Explosionsschutz. Hierbei gehen Theorie und Praxis Hand in Hand.
- Die Gefährdungsbeurteilung basiert auf grundlegenden Rechtstexten und ist eine Pflicht für Arbeitgeber.
- Es ist wichtig, dass Rechtsvorschriften und technische Standards regelmäßig aktualisiert werden.

Kompetenzanforderungen und Fort- und Weiterbildungen

Der Begriff „Weiterbildung" ist im Berufsbildungsgesetz (BBiG) nicht eindeutig definiert. Es wird jedoch zwischen zwei Arten von Weiterbildungen unterschieden: der Aufstiegsfortbildung und der Anpassungsfortbildung. Die Aufstiegsfortbildung zielt darauf ab, die Qualifikationen einer Person auf vertikaler Ebene zu erweitern, um die Übernahme von leitenden Positionen zu ermöglichen. Die Anpassungsfortbildung dient hingegen der Erweiterung von Kompetenzen, um die Mobilität im Rahmen der ursprünglichen beruflichen Position zu erhöhen. Das BBiG beschreibt somit primär die Ausrichtungen von Weiterbildungen und nicht den Begriff selbst.

Die Fortbildung hingegen wurde 1969 eingeführt und ist ein wichtiger Bestandteil der beruflichen Bildung. Sie zielt darauf ab, gezielt berufliche Kompetenzen innerhalb der aktuellen beruflichen Tätigkeit zu erweitern und zu vertiefen, um spezifische Anforderungen im Job besser bewältigen zu können. Im Gegensatz zur Weiterbildung, bei der zusätzliche Qualifikationen erworben werden, dient die Fortbildung dazu, die Fähigkeiten und Fertigkeiten im aktuellen Beruf zu erweitern und innerhalb der Position aufzusteigen. Obwohl die Begriffe Fortbildung und Weiterbildung oft synonym verwendet werden, gibt es einen wesentlichen Unterschied in der Zielsetzung und Ausrichtung beider Begriffe.

Regelmäßige Fortbildungen sollten allen Arbeitnehmerinnen und Arbeitnehmer angeboten wurden. Es gilt Kompetenzen zu erhalten und zu aktualisieren. Über verpflichtende Fortbildungen hinaus sollten Arbeitgeber wiederkehrende Möglichkeiten der betriebsbezogenen und individuellen Weiterentwicklung erhalten, um die Qualität der Arbeit und die Sicherheit am Arbeitsplatz zu erhöhen. Arbeitnehmerinnen und Arbeitnehmer sollten zudem aktiv ihre Fortbildung planen und sich über aktuelle Entwicklungen und Anforderungen in ihrem Berufsfeld informieren.

Grundlegendes im Überblick:

- Weiterbildung baut auf beruflichem Vorwissen auf.
- Weiterbildung dient der Erweiterung des Qualifikationsprofils.
- Für Fortbildung ist ein Berufsabschluss oder einschlägige Berufserfahrung notwendig.
- Leitziel: berufliche Möglichkeiten im aktuellen Job sichern, anpassen oder erweitern.
- Fortbildung fußt auf dem aktuellen Beruf. Ziel: Weiterqualifizierung innerhalb des vorhandenen Berufs.
- Weiterbildung ist unabhängig vom aktuellen Beruf. Individuelle Qualifizierungen können in alle Richtungen erweitert werden.

Eine berufliche Weiterbildung kann somit auch eine Fortbildung sein.

Kompetenzen zum Explosionsschutz lassen sich in unterschiedlichen Formaten erwerben. Diese sind naturgemäß nicht einheitlich. Folgende Funktionsfelder bzw. Ausbildungsziele existieren:

- Befähigte Person zur Prüfung bei Explosionsgefährdungen gemäß TRBS 1203 und BetrSichV Anhang 2 Abschn. 3,
- Explosionsschutz im Betrieb (Anforderungen, Gefährdungsbeurteilung, Explosionsschutzdokument),
- Errichten elektrischer Anlagen in explosionsgefährdeten Bereichen
- Beurteilung und Optimierung von Explosionsschutzmaßnahmen in der chemischen Industrie
- Explosionsschutz in der Lebensmittel- und Getränkeindustrie
- Explosionsschutz in der Holz- und Möbelindustrie
- Schutz vor Staubexplosionen in der pharmazeutischen Industrie
- Explosionsschutz in der Gas- und Ölindustrie
- Schutz vor elektrostatischen Entladungen in explosionsgefährdeten Bereichen
- Kenntnisse im Bereich ATEX-Richtlinie und nationalen Vorschriften
- Prüfung von Geräten und Schutzsystemen für den Explosionsschutz
- Explosionsschutz bei mechanischen Prozessen (z. B. Zerkleinerung, Mahlen)
- Erstellung von Explosionsschutzkonzepten und -maßnahmenplänen

Kompetenzerwartungen und Kompetenznachweise

Gemäß § 6 Absatz 11 der Gefahrstoffverordnung darf die Gefährdungsbeurteilung nur von fachkundigen Personen durchgeführt werden. Ein Arbeitgeber muss entweder selbst über die erforderlichen Kenntnisse verfügen oder geeignete Personen mit entsprechendem Fachwissen beauftragen. Die fachkundige Person verfügt über grundlegendes Fachwissen im Bereich Explosionsschutz sowie der korrekten Einschätzung von Gefahren und Risiken. Die erforderlichen Kompetenzen hängen von Branche, Betrieb und den auszuübenden Tätigkeiten ab.

Eine fachkundige Person, die eine Gefährdungsbeurteilung erstellt, ist einschlägig ausgebildet und berufserfahren sowie kompetent im Umgang und in der Bewertung von Gefahrenstoffen. Darüber hinaus benötigt sie anwendungsorientierte Kenntnisse im Umgang mit den rechtlichen Vorschriften des Explosionsschutzes und peripheren Systemen wie dem allgemeinen Arbeitsschutz. Die fachkundige Person sollte in der Lage sein, relevanten Arbeitsbedingungen vollständig zu erfassen und vor Beginn der Tätigkeiten zu beurteilen, die geplanten und vollzogenen Schutzmaßnahmen bei der Ausführung der Tätigkeiten zu bewerten und abschließend zu überprüfen.

Kompetenznachweise können durch Zertifikate oder Nachweise über die absolvierte Ausbildung erbracht werden.

Die Kompetenzerwartung umfasst zwei Dimensionen:

1. berufliche Fähigkeiten, Fertigkeiten und Ausbildungsnachweise
2. weitere spezifische fachliche Kompetenzen (Vervollständigung der ggf. nicht vorhandenen Kompetenzen durch Absolvierung einer Fortbildung)

Berufsorientierte Kompetenzen

Am einfachsten lassen sich Qualifikationsnachweise durch eine vollständige berufliche Ausbildung vorlegen. Auch ein abgeschlossenes Studium mit explosionsschutzrelevanten Inhalten ist hier zu nennen.

Darüber hinaus kann auch eine nachgewiesene berufliche Erfahrung hinreichend sein, um als fachkundige Person in Erscheinung treten zu können. Sie sollte über eine nachgewiesene Zeit im Berufsleben mit Stoffen, Tätigkeiten und Arbeitsverfahren in spezifischen Betriebsbereichen praktisch vertraut sein. Ebenso gilt es Funktions- und Betriebsweisen im Kontext des Explosionsschutzes beschreiben und erläutern zu können.

Ähnlich ist die dritte Option eines Kompetenznachweises; eine berufliche Tätigkeit in den relevanten Tätigkeitsfeldern, die noch vor kurzer Zeit ausgeübt wurde und eine entsprechende Weiterbildung, die wiederum regelmäßig zu absolvieren ist. Die fachlichen Kompetenzen sind bei längerer Arbeitsunterbrechung zu erneuern.

Kompetenzfelder

Im Überblick: rechtliche Grundlagen, Arbeitsabläufe, sicherheitstechnische Kenngrößen, Verfahren zur Gefährdungsbeurteilung und zur Erstellung von Explosionsschutzdokumenten, allgemeine Prinzipien des Explosionsschutzes.

Arbeitsabläufe und sicherheitstechnische Kenngrößen

Die fachkundige Person wendet das fachbezogene Wissen anwendungsorientiert zur Definition, zur Einstufung und zu den Eigenschaften von Gefahrstoffen an. Auf dieser Basisbeurteilt sie sodann, ob die Stoffe, Zubereitungen oder Erzeugnisse innerhalb der jeweiligen Arbeitsprozesse explosionsgefährdende Momente darstellen. Die fachkundige Person recherchiert zudem selbstständig nach Informationen und interpretiert dieselben und projiziert diese Einschätzungen auf Arbeitsprozesse bzw. Tätigkeiten.,

Wichtig ist zudem, dass die fachkundige Person gefährliche Arbeitsstoffe erkennt und auch deren physikalisch-chemische und sicherheitstechnische Kenngrößen einordnet. Die wichtigsten Kenngrößen sind Explosionsgrenzen, Flammpunkte, Zündtemperaturen oder der maximale Explosionsdruck.

Weiterhin benötigt die fachkundige Person Kompetenzen, um angewendete Verfahren, Arbeitsmittel und Arbeitstechniken vor dem Hintergrund der genutzten Gefahrenstoffe kritisch würdigen zu können. Dabei ist auf mögliche Störungen von Betriebsabläufen und die damit einhergehenden möglichen Folgen im Explosionsschutz zu achten. Relevant sind auch alle Tätigkeiten, bei denen explosionsfähige Stoffe genutzt werden oder bei denen sie im Rahmen eines Prozesses entstehen oder auftreten können. Für die fachkundige Person erfordert die Auseinandersetzung mit Prozessen der Produktion,

Handhabung, Lagerung, Beförderung, Entsorgung und Behandlung. Weiterhin sind Kompetenzen zur Analyse und Bewertung von Bedien- und Überwachungsarbeiten – sofern diese im Kontext einer Gefährdung von Bedeutung sind einschließlich aller Arbeitsvorgänge – erforderlich. Die Kompetenzen beziehen sich u. a. auf folgende Aspekte:

- An- und Abfahrvorgänge von Prozessen,
- Reinigungsarbeiten,
- Wartungsarbeiten,
- Instandsetzungsarbeiten,
- Aufräumarbeiten,
- Abbrucharbeiten,
- Betriebsstörungen.

Die fachkundige Person beurteilt zudem das Arbeitsumfeld und die Arbeitsbedingungen. Sie schätzt demgemäß auch Raum-, Luft- und Temperaturverhältnisse oder die Luftfeuchtigkeit ab.

Gefährdungsbeurteilung und Explosionsschutzdokumente

Eine strikte Trennung zum vorherigen Kompetenzfeld ist nicht möglich, da die Analyse und die Auswertung unmittelbar verwoben sind. Die Gefährdungsbeurteilung korrespondiert hier mit den prozessbeteiligten Stoffen sowie möglichen prozessimmanenten Wechselwirkungen. Letztlich gilt es die ermittelten Informationen zu analysieren und einem

Beurteilungsraster zuzuführen, damit geeignete Schutzmaßnahmen hergeleitet werden. Hier lassen sich zwei Kompetenzbereiche identifizieren:

1. Beurteilung physikalisch-chemischer Gefährdungen
   Fähigkeiten, Fertigkeiten und Wissensbestände zur Einschätzung von Wahrscheinlichkeiten des Auftretens von Gefahrstoffen, die Explosionsgefahren bedingen, sowie zur Einschätzung von Wahrscheinlichkeiten der Entstehung, des Vorhandenseins und des Wirkens von Zündquellen. Zu berücksichtigen sind Beurteilungsmaßstäbe der Technischen Regel für Betriebssicherheit TRBS 2152 Teil 1 (TRGS 721) „Gefährliche explosionsfähige Atmosphäre – Beurteilung der Explosionsgefährdung".
2. Dokumentation der Gefährdungsbeurteilung
   Für diese Kategorie muss die fachkundige Person die Mindestanforderungen erfüllen, die an ein Explosionsschutzdokument gerichtet werden (§ 6 (9) GefStoffV). Ziel ist die Darstellung von Gefährdungen durch gefährliche explosionsfähige Gemische.

Allgemeines zum Explosionsschutz
Die fachkundige Person entwirft darüber hinaus Schutzkonzepte. Sie bemisst Gefährdungsgrade und ermittelt Möglichkeiten einer Substitutionsprüfung, um Optionen zur Vermeidung oder Reduzierung von Gefahren für Gesundheit und Sicherheit der Arbeitskräfte. Die zum Vergleich heranziehbaren Alternativen können sehr vielfältig sein, so zum Beispiel ein Ersatzstoff mit geringerem Gesamtrisiko oder die Erhöhung der Sicherheit durch technische Schutzmaßnahmen.

In diesem Kontext stellt die fachkundige Person mehrere Schutzkonzepte vergleichend gegenüber. Dazu bedarf es Fähigkeiten und Fertigkeiten zur Bearbeitung der nachfolgenden Inhalte:

Methoden, Planungen und Maßnahmen …

… zur Vermeidung explosionsfähiger Atmosphären oder wirksamer Zündquellen.
… zum konstruktiven Explosionsschutz.
… zur Verbesserung des Gesundheitsschutzes und der Sicherheit der Arbeitskräfte, die durch explosionsfähige Atmosphären gefährdet werden könnten (auf Mindestvorschriften achten).
… zur Erstellung von Prüfkonzepten zur Feststellung der Wirksamkeit, Funktion und Funktionalität der technischen Schutzmaßnahmen.

Fortbildungen im Explosionsschutz

Fortbildungen dienen der Aneignung der Fachkunde sowie der Aktualisierung und der Erkenntniserweiterung bereits fachkundiger Personen. Dies ist beim Explosionsschutz von erheblicher Bedeutung, da sich nicht nur Vorschriften und Anforderungen häufig ändern, sondern auch technische Möglichkeiten und Regeln.

Fachkundige Personen, die mit der Durchführung der Gefährdungsbeurteilung im Explosionsschutz betraut sind, erwerben stets sich aktuelle Kenntnisse zu Gefährdungen und zum Stand der Technik. Dazu sind sie verpflichtet.

Für die Fortbildungen können unterschiedliche Institutionen oder Unternehmen aufgesucht werden. Anbieter sind u. a. TÜV Nord, TÜV Süd, diverse Vereine wie z. B. Haus der Technik e. V. oder Unternehmen aus dem Sicherheitsbereich mit der Befähigung zur Aus- und Weiterbildung.

Stoffkunde

Stoffkunde lässt sich in einen allgemeinen und einen besonderen Bereich unterteilen, wobei die besondere Stoffkunde sich auf die Kenntnisse über explosive oder explosionsfähige Stoffe bezieht. Die allgemeine Stoffkunde erfasst grundlegende und weiterführende Verständnisse der Chemie und Physik.

Bei der Stoffkunde im Kontext des Explosionsschutzes sind alle drei Aggregatszustände zu berücksichtigen. Es handelt sich also um feste, gasförmige und flüssige Stoffe, die bei Kontakt oder im Gemisch mit Sauerstoff zum Brennen angeregt werden. Dampf, Nebel und Staub sind als Subkategorien der genannten Aggregatszustände ebenso zu berücksichtigen.

Eine Explosion im Kontext dieser Betrachtungen lässt sich (auch) als eine impulsstarke Verbrennung einordnen, sodass, Kompetenzen hinsichtlich brennbarer Stoffe erforderlich sind.

Brände und Explosionen verfügen zwar über grundlegende Gemeinsamkeiten, die Wirkungen sind indessen grundverschieden. Entscheidend sind Druck und Geschwindigkeit: Eine Explosion ist eine schnellverlaufende Reaktion, die mit großer Druckwirkung und mit einem Folgebrand einhergeht. Sind also ein brennbarer Stoff und Sauerstoff in einem guten und mithin optimalen Mischungsverhältnis vereint, beschleunigt sich der der Reaktionsablauf rapide. sodass es zu einer explosionsartigen Freisetzung von Energie kommt, die erhebliche Zerstörung anrichten kann. Eine fachkundige Person muss demnach um die gefährlichen Eigenschaften von Stoffen oder Gemischen wissen, einschließlich der physikalisch-chemischen Wirkungen.

Im Hinblick auf die Gefährdungsbeurteilung obliegt es dem Arbeitgeber die jeweiligen Arbeitsstoffe in ihren auftretenden Aggregatzuständen zu analysieren und etwaige Gefährdungen für die Beschäftigten zu beschreiben und präventiv beherrschbar zu machen.

Gefahren, die zu einer Explosion führen können, sind u. a.:

- explosionsgefährliche oder explosionsfähige Stoffe

- brennbare Gase, feste Stoffe oder extrem-, leichtentzündbare oder entzündbare Flüssigkeiten,
- selbstentzündliche oder selbsterhitzungsfähige Stoffe,
- Stoffe, die bei Berührung mit Wasser oder feuchter Luft hochentzündliche Gase entwickeln,
- Aufgewirbelter brennbarer Staub,
- Stoffe, die brandfördernde Eigenschaften besitzen,
- chemisch oder thermisch instabile Stoffe,
- gefährliche exotherme Reaktionen.

Sicherheitstechnische Kenngrößen

Die Technische Regel für Gefahrstoffe (TRGS) 201 bestimmt die „Einstufung und Kennzeichnung bei Tätigkeiten mit Gefahrstoffen" basierend auf § 2 Absatz 5 GefStoffV sowie § 6 Absatz 3 und § 8 Absatz 2 GefStoffV. Für eine angemessene Analyse einer möglichen Explosionsgefahr braucht es nicht nur umfassendes chemisch-physikalisches Wissen, sondern auch die Kompetenz, als Richtwerte publizierte Kennzahlen korrekt anzuwenden. Die Berufsgenossenschaft Rohstoffe und chemische Industrie (2022a) definiert sicherheitstechnische Kenngrößen wie folgt:

Sicherheitstechnische Kenngrößen sind quantitative Aussagen über Stoffeigenschaften, die für die Beurteilung von Explosionsgefahren und für die Festlegung von Schutzmaßnahmen maßgebend sind und in der Regel von der benutzten Messmethode abhängen. Sicherheitstechnische Kenngrößen sind keine physikalischen Konstanten.

Die sicherheitstechnischen Kenngrößen gelten streng für atmosphärische Bedingungen, das heißt für Temperaturen zwischen –20°C und + 60°C, Drücken zwischen 0,8 bar und 1,1 bar sowie Umgebungsatmosphäre mit einem Anteil von 21 Vol-% Sauerstoff. Liegen diese Bedingungen nicht exakt vor, kommt es in der Regel zu Abweichungen von den sicherheitstechnischen Kenngrößen.

Wichtige sicherheitstechnische Kenngrößen im Explosionsschutz sind:

- Flammpunkt
- Zündtemperatur
- Explosionsgrenzen
- Mindestzündenergie
- Sauerstoffgrenzkonzentration
- Maximaler Explosionsdruck
- Maximaler zeitlicher Druckanstieg
- Mindestzündtemperatur einer Staubschicht (Glimmtemperatur)
- Mindestzündtemperatur einer Staubwolke
- Selbstentzündungstemperatur

Es ist zu beachten, dass die wichtigsten Kenngrößen in Bezug auf Explosionsgefahren den EG-Sicherheitsdatenblättern der Hersteller oder der Inverkehrbringer entnommen werden können. Daneben gibt es die Möglichkeit, in Datenbanken zu recherchieren, so z. B. in der GESTIS-Stoffdatenbank oder der GESTIS-STAUB-EX-Datenbank. Die Bundesanstalt für Arbeitsschutz und Arbeitsmedizin (BAuA) hat mehrere Links zu Stoffdatenbanken zusammengestellt. Sie sind einsehbar auf:

https://www.baua.de/DE/Themen/Arbeitsgestaltung-im-Betrieb/Gefahrstoffe/Arbeiten-mit-Gefahrstoffen/Stoffinformationen/Stoffinformationen_node.html.

Aggregatszustände

Neben den einzigartigen Merkmalen von chemischen Stoffen und deren Verbindungen braucht es für den Explosionsschutz auch einen Blick auf die Risiken, die mit dem Aggregatszustand der Stoffe korrelieren.

Ein Aggregatszustand ist definiert als der Zustand von Stoffen, der sich durch Änderungen von Temperatur oder Druck wandeln kann. Die Aggregatszustände sind „fest", „flüssig" und „gasförmig". In allen drei Zuständen weisen Stoffe jeweils spezifische Eigenschaften auf.

In **Flüssigkeiten** gibt es Bindungen zwischen den Atomen und Molekülen und deren Nachbarn. Bei flüssigen Stoffen sind die Verbindungen locker. Sie halten zwar ihr Volumen, aber ihre Form verändert sich dergestalt, dass sie sich dem Raum anpasst. Infolge der Oberflächenspannung halten flüssige Stoffe ihre Oberfläche gegen eine Atmosphäre aus Gas möglichst klein. Brennbare Flüssigkeiten können somit „nicht aus sich selbst heraus explodieren", weil die Flüssigkeitsoberfläche keine Mischung mit Sauerstoff zulässt. Eine Flamme ergibt sich deshalb nur an der Grenze zur Atmosphäre und kann sich dort ausbreiten. Durch den Dampfdruck und die Temperatur kann es zur Bildung von brennbaren und explosionsfähigen Dampf-Luft-Gemischen kommen. Dann reicht eine Zündquelle über der Flüssigkeit für eine Entzündung.

Bei **Gasen** fehlt die Volumenbeständigkeit. Ein Gas füllt einen Raum vollständig aus. Ein Stoff geht in den gasförmigen Aggregatszustand durch eine Energiezufuhr bei festen oder flüssigen Formen über. Ein Gas ist zu 100 % mischbar. Mischungen aus Gasen sind deshalb homogene Systeme. Man spricht von einem Gas, wenn die Teilchen eines Stoffes in großen Abständen voneinander frei in Bewegung sind und den vorhandenen Raum gleichmäßig ausfüllen. Füllt man ein perfektes Gas (idealisierte Modellvorstellung eines realen Gases) in ein bestimmtes Volumen, so bleibt die Anzahl der Teilchen bei gleichem Druck und gleicher Temperatur unverändert. Dies erfolgt unabhängig von der Masse der Teilchen und damit auch unabhängig von der Art des Gases. Im Vergleich zur Flüssigkeit nimmt die gleiche Masse einer Substanz als Gas unter normalen Bedingungen den rund 1.000-bis 2.000-fachen Raum ein.

Eine Besonderheit stellt Dampf dar. Es handelt sich um einen chemisch reinen, gasförmigen Stoff in Relation zu seinen weiteren Aggregatszuständen. Die Verdampfung und die Verdunstung sind der Übergang vom flüssigen zum gasförmigen Zustand. Bei Dämpfen von brennbaren Flüssigkeiten ist zu beachten, dass sie schwerer als Luft sind. Sie reichern sich an Böden, in Hohlräumen und in Senken an. Sie können sich überdies auch in benachbarte tieferliegende Bereiche bewegen und dort entzündet werden. Das Risiko besteht überall, wo brennbare Flüssigkeiten offen gehandhabt werden, so z. B. beim Umfüllen.

Brennbarkeit

„Brennbarkeit beschreibt die chemische Eigenschaft von Stoffen, mit Sauerstoff unter Freisetzung von Strahlungsenergie bzw. Wärme zu reagieren. Sie ist eine grundlegende Voraussetzung für die Verbrennung eines Stoffes." (LUMITOS AG 2022). Nach einer Entflammung brennt ein Stoff weiter, auch wenn eine Zündquelle entfernt wurde. Feste, flüssige (Gasphase) und gasförmige Stoffe können demnach brennen.

Die **festen Stoffe** sind entweder selbst (leicht) brennbar oder können durch Reibung Brände verursachen oder fördern. Leicht brennbare feste Stoffe haben folgende Merkmale:

- pulverförmig,
- körnig oder
- pastös.

Es können aber auch Gemische sein, die durch kurzen Kontakt mit einer Zündquelle leicht entzündbar sind und deren Flammen sich schnell ausbreiten können. Bei festen brennbaren Stoffen gibt es zwei Kategorien. Die Stoffe werden gemäß den „Empfehlungen für die Beförderung gefährlicher Güter, Handbuch über Prüfungen und Kriterien" (Teil III Unterabschnitt 33.2.1) der UN getestet. Der Test wird vollzogen mit einem durchgehenden Strang oder mit einer pulverförmigen Schüttung des Stoffs von ca. 250 mm Länge, 20 mm Breite und 10 mm Höhe und auf einer kalten, undurchlässigen Platte mit geringer Wärmeleitfähigkeit.

Die Klassifizierung der brennbaren Stoffe ist wie folgt:
Gemäß GHS werden brennbare Stoffe in Abhängigkeit von ihrem Aggregatzustand in drei Kategorien eingeteilt. Für entzündbare Gase wiederum gelten zwei Kategorien, eingegrenzt jeweils von der unteren und oberen Explosionsgrenze. Entzündbare Flüssigkeiten werden in drei Kategorien eingeteilt, basierend auf ihrem Flammpunkt und Siedepunkt. Die Kategorie 4, mit einem Flammpunkt zwischen 60°C und 93°C, wurde nicht in die der CLP-Verordnung übernommen. Entzündbare Feststoffe werden durch zwei Kategorien eingeordnet, basierend auf ihrer Abbrandgeschwindigkeit und ihrem Abbrand verhalten. Kategorie 1 umfasst Metallpulver und andere Feststoffe oder Gemische, die

schnell abbrennen, ohne dass eine befeuchtete Zone aufgehalten wird. Kategorie 2 umfasst Metallpulver und andere Feststoffe oder Gemische, die zwar schnell abbrennen, aber eine befeuchtete Zone mindestens 4 min aufhalten. Jede Kategorie ist mit einem spezifischen Piktogramm und Gefahrenhinweisen zu kennzeichnen (Tab. 1).

Flüssigkeiten gelten als brennbar, wenn sie nach der Entzündung an der Luft selbstständig abbrennen. Es gelten dabei atmosphärische Bedingungen. Zu beachten ist, dass über einer Flüssigkeit immer Dampf freigesetzt wird. In Relation zum Dampfdruck und der Temperatur entwickeln sich brennbare oder explosionsfähige Gemische aus Dampf und Luft. Diese reagieren dann durch Annäherung an eine Zündquelle. In einem geschlossenen System stellt sich ein Gleichgewicht zwischen den beiden Phasen ein.

Entzündbare Flüssigkeiten haben einen Flammpunkt. An diesem wird die Entzündbarkeit flüssiger Stoffe und Zubereitungen abgeleitet. Der Flammpunkt eines Stoffes ist nach DIN V 14011 die niedrigste Temperatur, bei der sich über einem Stoff ein zündfähiges Dampf-Luft-Gemisch bilden kann.

Weisteine Flüssigkeit eine Temperatur unterhalb des Flammpunktes auf, ist eine Entzündung unmöglich. Erst mit Erreichen des Flammpunkts entstehen hinreichende große Dampfvolumina, die sich entflammen lassen. Deshalb ist der Flammpunkt auch eine sicherheitstechnische Kenngröße. Mit ihm kann die Gefahr für Explosionen bzw. Brände von Flüssigkeiten beurteilt werden.

Stoffe und Zubereitungen sind sodann in flüssigem Zustand bei einem niedrigen Flammpunkt entzündbar.

Entzündbare Flüssigkeiten werden wie folgt unterteilt:

1. Extrem entzündbare Flüssigkeiten
   Flammpunkt: $< 23°C$
   Siedepunkt: $\leq 35°C$
2. Leicht entzündbare Flüssigkeiten
   Flammpunkt: $< 23°C$
   Siedepunkt: $> 35°C$
3. Entzündbare Flüssigkeiten
   Flammpunkt: $> 23°C$
   Siedepunkt: $< 60°C$

Die Freisetzung hoher Konzentrationen von Lösemitteldämpfen bei der großflächigen Auftragung kann beispielsweise zu einer erhöhten Entzündungsgefahr führen. Zu beachten sind Aceton, Ethanol und Isopropanol.

Bei brennbaren Flüssigkeiten können sich explosionsfähigen Atmosphären bilden. Genauer gesagt bilden sie sich über den Flüssigkeiten bilden, sofern die Temperatur der Oberfläche der Flüssigkeiten den Flammpunktüberschreitet. Wird eine Flüssigkeit über den Flammpunkt hinaus erhitzt, bildet sich ein zündfähiges Dampf-Luft-Gemisch über der Flüssigkeit. Zu beachten ist außerdem, dass auch Flüssigkeiten, deren Lager-

Tab. 1 Klassifizierung brennbarer Stoffe nach GHS/CLP-Kriterien

Aggregatzustand	Kategorie	Flammpunkt	Siedepunkt	Abbrandgeschwindigkeit	Abbrandverhalten
Gas	1	UEG ≤ 13 % oder (OEG – UEG) ≥ 12 %	–	–	Entzündbares Gas
Gas	2	UEG < OEG	–	–	Entzündbares Gas
Flüssigkeit	1	Flammpunkt < 23°C	Siedepunkt ≤ 35°C	–	Entzündbare Flüssigkeit
Flüssigkeit	2	Flammpunkt < 23°C	Siedepunkt > 35°C	–	Entzündbare Flüssigkeit
Flüssigkeit	3	Flammpunkt ≥ 23°C und ≤ 60°C	–	–	Entzündbare Flüssigkeit
Feststoff	1	–	–	< 45 s oder > 2,2 mm/s	Leicht entzündbarer Feststoff
Feststoff	2	–	–	< 45 s oder > 2,2 mm/s	Entzündbarer Feststoff

Hinweis: Die Kategorie 4 für entzündbare Flüssigkeiten mit einem Flammpunkt zwischen > 60°C und ≤ 93°C wurde von der CLP-Verordnung nicht für die EU übernommen.

oder Verarbeitungstemperaturen unterhalb des Flammpunktes liegen, entflammbar sind, wenn die Flüssigkeitsoberfläche über den Flammpunkt erwärmt und das entstehende Dampf-Luft-Gemisch entzündet wird. Ist die Umgebungstemperatur bei reinen brennbaren Flüssigkeiten mehr als 5°C niedriger als der Flammpunkt der reinen Substanzen und bei Gemischen mehr als 15°C niedriger ist als der Flammpunkt des Gemisches, können keine explosionsfähige Atmosphäre entstehen. Eine Ausnahme sind brennbare Flüssigkeiten, wenn sie versprüht oder zerstäubt werden. Unter Druck versprühte oder über große Oberflächen verteilte Flüssigkeiten setzen große Mengen brennbarer Dämpfe frei.

Bei **Gasen** ist die Entzündlichkeit von der Gaskonzentration abhängig. Eine Entzündung erfolgt mit Luft und beispielsweise durch einen elektrischen Funken. Gase werden anhand eines bestimmten Explosionsbereiches mit unterer und oberer Explosionsgrenze eingestuft. Der Explosionsbereich ist eine sicherheitstechnische Kenngröße. Die Beratungsgesellschaft für Arbeits- und Gesundheitsschutz mbH (2022) definiert ihn wie folgt:

„Der Explosionsbereich ist der Bereich der Konzentration (Stoffmengenanteil) eines brennbaren Gases, Dampfes, Nebels oder Staubes im Gemisch mit Luft (oder einem anderen die Verbrennung unterhaltenden Gases), in dem eine Explosion auftreten kann".

Der Explosionsbereich wird bestimmt durch die Zündung eines Gas-Luft-Gemisches mit einem elektrischen Funken in Relation zur Gaskonzentration. Die Explosionsgrenzen werden als Gaskonzentrationen in [Vol.-%] oder [g/cm3] angegeben.

Es ist auf zwei Klassen von Gasen zu achten:

1. Extrem entzündbare Gase

Sie liegen unter Normalbedingungen vor, sind entzündbar im Gemisch mit Luft mit einem Volumenanteil von 13 % oder weniger, und sie haben in Luft einen Explosionsbereich von mindestens 12 % unabhängig von der unteren Explosionsgrenze.

2. Entzündbare Gase

Sie weisen im Gemisch mit Luft bei 20°C und beim Standarddruck von 101,3 kPa einen Explosionsbereich auf.

Bekannte brennbare Gase sind z. B. Erdgas, Propan, Butan als Heiz- oder Brenngase, Wasserstoff in technischen Prozessen und Acetylen als Schweißgas.

Achtung: In der Industrie und im Gewerbe werden brennbare Gase nicht nur als technische Gase eingesetzt. Brennbare Gase können unbeabsichtigt als Folgeprodukte bei galvanischen Prozessen und beim Laden von Bleiakkumulatoren z. B. von elektrisch angetriebenen Flurförderzeugen entstehen.

Chemisch instabile Stoffe sind eine weitere Kategorie der brennbaren Stoffe. Es ist zu beachten, dass Verbrennungen und Explosionen allgemein als exotherme Reaktionen zu verstehen sind, wobei einzig die Reaktionsgeschwindigkeit variiert. Daneben gibt es aber auch Substanzen, die instabil sind, die also spontan explodieren können, ohne dass es dafür einen externen Energiebeitrag gibt.

Gase sind instabil bzw. als entzündbar einzustufen, wenn sie zusätzlich pyrophor(selbstentzündlich) sind, sofern sie mit der Umgebungsluft in Kontakt kommen. Gemäß UN-GHS und CLP-Verordnung (Verordnung (EG) Nr. 1272/2008) werden Gase als pyrophor eingestuft, wenn ihre Zündtemperatur ≤ 54°C beträgt.

Gase können weiterhin instabil sein, sofern sie ohne Kontakt zu Sauerstoff bzw. der Umgebungsluft explosiv reagieren, indem sie zerfallen. Beispiele hierfür sind: Acetylen (Ethin), Ethylenoxid (1,2-Epoxyethan), Propadien oder Methylvinylether (Methoxyethen).

Dispersionsgrad

Die Dispersität bezeichnet die Eigenschaftsverteilung von zwei oder mehreren Phasen oder Partikeln in einer Mischung bzw. eines Gemisches. Allgemein gesprochen handelt es sich um eine Verteilung. Der damit zusammenhängende Grad dient der Beschreibung der Intensität der Dispersion. Im Sinne der ATEX-Analyse ist zu beachten, dass ein Dispersionsgrad von Nebeln oder Stäuben für das Zustandekommen einer Explosion bereits ausreichend sein kann, wenn die Tröpfchen- bzw. Teilchengröße bei 1 mm liegt. Zahlreiche Nebel, Aerosole und Stäube haben Teilchengrößen zwischen 0,1 und 0,001 mm. Bei Stoffen in gas- oder dampfförmigem Zustand ist ein ausreichender Dispersionsgrad gegeben.

Eine Brand- oder Explosionsgefahr besteht, sobald die brennbaren Stoffe in einer hohen Verteilung vorkommen. Die Oberflächengröße eines (brennbaren) Stoffes determiniert über den potenziellen Kontakt mit Sauerstoff maßgeblich das Mischungsverhältnis. Bei zu massivem Brennstoff reicht der Kontakt mit dem Luftsauerstoff nicht aus. Es erfolgt also keine Verbrennung. Wird die Oberfläche des brennbaren Stoffes stark vergrößert, kann bei ausreichendem Verhältnis zwischen Menge des Brennstoffes und seiner Kontaktoberfläche zum Sauerstoff eine Verbrennung stattfinden.

Bei gas- oder dampfförmigen Stoffen ist ein ausreichender Dispersionsgrad naturgemäß vorhanden. Der Dispersionsgrad von Nebel oder Staub kann für eine Explosion bereits ausreichend sein, wenn die Tröpfchen-bzw. Teilchengröße bei 0,5 mm liegt. Dies ist beim Versprühen bzw. Verspritzen von brennbaren Flüssigkeiten genauso gegeben wie beim Aufwirbeln von Staubpartikeln mit kleiner Korngröße.

Neben Stäuben und Nebeln ist auch auf Aerosole zu achten.

Der Begriff „Aerosol“ meint die Feinverteilung einer festen (Staub, Rauch) oder flüssigen (Tröpfchen, Nebel) in einer gasförmigen Phase. Viele Nebel, Aerosole und Stäube haben Teilchengrößen zwischen 0,1 mm (100 µm) und 0,001 mm (1 µm).

Aerosole sind sehr dynamisch und unterliegen somit ständigen Änderungen, determiniert durch die Kondensation von Dämpfen an vorhandenen Partikeln, durch die

Verdampfung flüssiger Partikelbestandteile, durch die Koagulation von kleinen Teilchen zu größeren, oder durch die Abscheidung von Teilchen an Gegenstände der Umgebung.

Aerosole gelten als brennbar, wenn sie über mindestens ein Bestandteil verfügen, der entzündbar sein kann. Gase, Gasgemische, feste Stoffe oder Flüssigkeiten können hierzu gezählt werden. Eine Einstufung der Aerosole erfolgt nach den Entzündungseigenschaften und nach der Verbrennungswärme.

Aerosole brennbarer Flüssigkeiten kommen zustande, wenn Flüssigkeiten unter einem hohen Druck stehen. In der Industrie sind bestimmte Sprüheigenschaften erwünscht, sodass damit auch ein erhöhter Druck notwendig ist. Abhängig von Druck und Menge des Druck-bzw. Treibgases entsteht nach Austritt der Flüssigkeit ein Sprühaerosol oder ein

Schaumaerosol. Die Einstufung erfolgt gemäß den Bestandteilen und der chemischen Verbrennungswärme. Bei Schaumaerosolen sind zudem die Schaumtests bzw. deren Ergebnisse relevant. Bei Sprühaerosolen bedarf es Flammstrahl- und Fasstests.

Die gängige Klassifizierung beinhaltet entzündbare Aerosole und entzündbare Aerosole. In der Praxis sind Aerosolpackungen, Oberflächenbeschichtung und brennbare Kühlschmierstoffe zu berücksichtigen.

Extrem entzündbare Aerosole liegen ab mind. 85 % entzündbaren Bestandteilen vor. Die chemische Verbrennungswärme beträgt ≥ 30 kJ/g. Bei Sprühaerosolen gilt die Entzündung beim Flammenstrahltest in Entfernung von ≥ 75 cm. Bei Schaumaerosolen sind die Flammenhöhe von ≥ 20 cm, eine Flammendauer von ≥ 2 Sek. bzw. die Flammenhöhe von ≥ 4 cm und eine Flammendauer von ≥ 7 Sek maßgebend

Entzündbare Aerosole weisen entzündbare Bestandteile von > 1 % auf. Außerdem muss eine chemische Verbrennungswärme von 20 kJ/g gegeben sein. Bei Sprühaerosolen kommt es zur Entzündung beim Flammenstrahltest in einer Entfernung von ≥ 15 cm bzw. zur Entzündung beim Fasstest im Zeitäquivalent ≥ 300 s/m^3 oder mit einer Deflagrationsdichte von ≥ 300 g/m^3. Bei Schaumaerosolen kommt der Schaumtest zur Anwendung. Hier braucht es eine Flammenhöhe von ≥ 4 cm und eine Flammendauer von ≥ 2 Sek.

Werden Flüssigkeiten versprüht, können Nebel, also Aerosole gebildet werden. Die explosionsfähigen Luft-Aerosol-Gemische entzünden sich mitunter schon unterhalb des Flammpunktes. Dies bezieht sich auch auf brennbare Flüssigkeiten, die einen Flammpunkt von > 60°C haben. Daher müssen zur Analyse und Bewertung der Explosionsgefährdung auch brennbare Flüssigkeiten mit einem Flammpunkt von > 60°C berücksichtigt werden, sofern diese in der beruflichen Praxis zur Anwendung kommen, also versprüht oder verspritzt werden.

Neben Aerosolen ist auch auf Stäube zu achten. Die Stäube der meisten organischen Materialien, Kunststoffe, Verbundwerkstoffe und Metalle sind brennbar. Damit besteht auch das Risiko explosionsfähiger Staubatmosphären.

Staub ist zu verstehen als ein sehr fein zerteilter, in beliebiger Form, Dichte und Struktur vorliegender Feststoff. Er befindet sich unterhalb einer Korngröße von ca. 0,5 mm

(500 μm). Zu den brennbaren Stäuben gehören organische Stäube wie etwa Holzstäube, Mehlstäube, Metallpulver und auch Metallspäne.

Stäube kommen v. a. als Gemische von Teilchen mit unterschiedlichen Durchmessern vor. Eine Siebanalyse erlaubt die Bestimmung der Korngrößenverteilung. Dazu wird der Staub auf genormten Prüfsieben abgesiebt und der Siebrückhalt gewogen. Dabei ist der Medianwert (mittlere Korngröße) zur groben Beschreibung der Feinheit der Proben herangezogen relevant. Die Brennbarkeit von Stäuben zeigt an, ob und in welchem Maße sich im abgelagerten Staub ein Brand ausbreiten kann.

Die Brennbarkeit wird geprüft, indem mit einem glühenden, ca. 1.000°C heißen Platindraht versucht wird, eine Staubprobe an einem Ende zu entzünden. Bei der Probe handelt es sich um die Aufschüttung auf einem Produktsteg mit den ungefähren Abmaßen von 2 cm Breite und 4 cm Länge. Die Brennbarkeit wird durch die Brennzahlen BZ 1 bis BZ 6 erfasst:

- Brennzahl 1: Kein Anbrennen,
- Brennzahl 2: Kurzes Anbrennen und rasches Auslöschen,
- Brennzahl 3: Örtliches Brennen oder Glimmen ohne Ausbreiten,
- Brennzahl 4: Ausbreiten eines Glimmbrandes,
- Brennzahl 5: Ausbreiten eines offenen Brandes,
- Brennzahl 6: Verpuffungsartiges Abbrennen.

Staub ist explosionsfähig, wenn sich in einem Staub-Luft-Gemisch nach dem Entzünden eine Flamme ausbreitet, die im geschlossenen Behälter mit Temperatursteigerung und Drucksteigerung verbunden ist. Es ist auf den KSt-Wert zu achten.

Der KSt-Wert ist eine staub- und prüfverfahrensspezifische Kenngröße, die sich aus der Volumenabhängigkeit des maximalen zeitlichen Druckanstiegs (kubisches Gesetz) errechnet. Sie ist zahlenmäßig gleich dem Wert für den maximalen zeitlichen Druckanstieg im 1-Meter-Behälter.

Der KSt-Wert bestimmt zusammen mit dem maximalen Explosionsüberdruck das Reaktionsverhalten von Staub.

Referenzpunkte für den KSt-Wert ergeben sich durch die folgende Anordnung:
In einem 1-Kubikmeter-Behälter wird Staub eingefüllt, der untersucht werden soll. Er wird darin in einen außerhalb des Explosionsgefäßes befindlichen Staubvorratsbehälter gefüllt. Mit Druckluft wird der Staub unter einem Überdruck von 20 bar in das Explosionsgefäß geblasen. Damit kann der Staub schnell genug ausgebracht werden. Es erfolgt ein gutes Verwirbeln im Explosionsgefäß. Damit liegt zum Zeitpunkt der Zündung ein hinreichend homogenes Staub-Luft-Gemisch in einer definierten Konzentration im Explosionsgefäß vor. Hierzu dienen Druckaufnehmer, die in die Gefäßwand gesetzt sind, und es besteht zeitliche Abhängigkeit. Während des Verlaufs werden die Staubkonzentrationen

über einen weiten Bereich verändert und die jeweiligen Werte für den zeitlichen Druckanstieg der Reaktionen bestimmt. Dies geschieht so lange, bis die Höchstwerte für den zeitlichen Druckanstieg eindeutig erfasst werden können.

Basierend auf den KSt-Werten werden Stäube in drei Staubexplosionsklassen eingeteilt:

1. *Staubexplosionsklasse St 1: KSt-Wert* > 0 bis 200 (bar × m/s)
2. *Staubexplosionsklasse St 2: KSt-Wert* > 200 bis 300 (bar × m/s)
3. *Staubexplosionsklasse St 3: KSt-Wert* > 300 (bar × m/s)

Zu beachten sind die Arbeitsprozesse, bei denen Stäube entstehen können. Hierbei ist die Bearbeitung von Feststoffen relevant: Polieren, Schleifen oder andere Oberflächenarbeiten bedingen Staub als Abfall- oder Kuppelprodukte. Staub kommt daher in vielen industriellen Bereichen vor, in denen Feststoffe bearbeitet bzw. verkleinert werden. Er kann darüber hinaus beim Herstellungs- und Produktionsprozess entstehen sowie beim Transport oder in der Lagerung zufällig entweichen. Ebenso lagert sich Staub mitunter in Filtern und Sieben ab, woraus wiederum eine Brand- oder Explosionsgefahr resultiert.

Für den Explosionsschutz im Allgemeinen gilt, dass eine Gefährdungsbeurteilung zu erstellen ist. Beispiele für solche brennbaren Stäube sind Farb- oder Aluminiumpulver. Überdies ist auch auf ungewollt anfallende Stäube zu achten wie etwa auf den Schleifstaub bei Kunststoffverarbeitungen.

(Gefährliche) Explosionsfähige Atmosphäre

Eine explosionsfähige Atmosphäre liegt bei einem Gemisch aus Luft und brennbaren Gasen, Dämpfen, Nebeln oder Stäuben unter atmosphärischen Bedingungen vor, in denen sich ein Verbrennungsvorgang nach einer Entzündung auf das gesamte unverbrannte Gemisch überträgt. Es gilt demnach zu ermitteln gilt, ob und inwieweit mit der Bildung einer explosionsfähigen Atmosphäre zu rechnen ist. Wichtig sind hierbei die atmosphärischen Bedingungen. Sie gelten bei einem Gesamtdruck von 0,8 bar bis 1,1 bar und bei Gemischtemperaturen von -20°C bis + 60°C. Die Übertragung auf das gesamte unverbrannte Gemisch ist als eine selbstständige Fortpflanzung der Reaktion zu verstehen.

Konzentration explosionsfähiger Stoffe

Für eine explosionsfähige Atmosphäre bilden Stoffe ein vorgemischtes System und damit eine explosionsfähige Atmosphäre. Dies hängt von der gleichmäßigen Verteilung im zur Verfügung stehenden Volumen ab.

Explosionen können überall dort entstehen, wo sich durch ein Gemisch aus brennbaren Stoffen mit Sauerstoff eine explosionsfähige Atmosphäre in hinreichender Menge bilden kann. Weiter ist zu berücksichtigen, dass Gemische aus brennbaren Gasen, Dämpfen oder

Stäuben mit Sauerstoff nur bei bestimmten, stofftypischen Mischungsverhältnissen explosionsfähig sind. Von besonderer Bedeutung sind hierbei die untere und obere Explosionsgrenze (UEG und OEG):

Wenn die Konzentration eines brennbaren Stoffes in der Luft oberhalb der UEG und unterhalb der OEG liegt, wird das Gemisch unter atmosphärischen Bedingungen als explosionsfähige Atmosphäre bezeichnet.

Zur Erinnerung: Als atmosphärische Bedingungen werden in der Regel eine Umgebungstemperatur von –20°C bis 60°C und ein Druckbereich zwischen 0,8 bar und 1,1 bar verstanden (gemäß ATEX-Leitlinien).

Die aufgezeigten Mischungsverhältnisse bestimmen den Explosionsbereich, der durch die OEG und die UEG eingegrenzt wird.

Gemische unterhalb der UEG werden als „mager" bezeichnet und Gemische oberhalb der OEG liegen, gelten als „fett".

Bei den mageren Gemischen ist die Konzentration des brennbaren Stoffes zu gering für eine selbstständige Flammenverbreitung. Ein mageres Gemisch kann sich durch die Zufuhr von weiterem Brennstoff anreichern und auf diese Weise eine explosionsgefährliche Stoffkonzentration erreichen. Die Konzentration des brennbaren Stoffes ist bei fetten Gemischen zu hoch, um zu explodieren. Ein fettes Gemisch kann durch Luftzufuhr verdünnt und so explosionsfähig werden.

Bei den Konzentrationen explosionsfähiger Stoffe sind die Explosionsgrenzen zudem von besonderer Bedeutung, da sie auch sicherheitstechnische Kenngrößen sind. Diese Kenngrößen ermöglichen ferner quantitative Aussagen über Stoffeigenschaften. Sie dienen der Beurteilung von Explosionsgefahren. Die Explosionsgrenzen sind abhängig von Druck, Luftfeuchtigkeit und Temperatur. Bei Stäuben wirken sich darüber hinaus die Teilchengröße und die Teilchengrößenverteilung des Feststoffes auf die Explosionsgrenzen aus.

Eine Gefährdungsbeurteilung bzw. die Einschätzung von potenziellen Explosionsgefahren erfordern eine Analyse der Stoffeigenschaften sowie eine Analyse der Arbeitsprozesse unter Beteiligung dieser Stoffe. Mit steigendem Drücken und steigenden Temperaturen erhöht sich im Allgemeinen die Explosionsgefährdung Weitere sicherheitsrelevante Kriterien sind die Art der Freisetzung und die Menge an vorhandenem Gefahrenstoff. Hier gilt eine einfache physikalische Regel: Je mehr Gefahrenstoff vorhanden, der entzündet werden kann, desto eher kommt es zur Überschreitung von Explosionsgrenzen.

Eine situationsbezogene Einzelfallbewertung ist stets erforderlich.

Explosionsgefahren entstehen nicht nur bei unmittelbaren chemischen bzw. verfahrenstechnischen Prozessen. Beispiele für potenzielle Explosionsgefahren lassen sich der Gewinnung, der Herstellung, der Lagerung und der Fortleitung sowie dem Verarbeiten, dem Umfüllen und Umschlagen von brennbaren Stoffen zurechnen. Für eine umfassende Analyse und Bewertung von Gefährdungen bedarf es:

- Wissen um Stoffeigenschaften in verschiedenen Kontexten,
- Informationen über die beruflichen Tätigkeiten,

- Informationen über die Verarbeitungsprozesse einschließlich der dort vorhandenen chemischen Reaktionen,
- Wissen um Rahmenbedingungen des Betriebs und der betrieblichen Verwendung der Stoffe.

Es ist demgemäß wichtig, nicht nur einzelne Tätigkeiten unabhängig voneinander zu betrachten, sondern den Arbeitsprozess als Ganzes zu berücksichtigen, einschließlich aller Betriebszustände wie z. B. Aufbau, Normalbetrieb, Einrichtung, Wartung, Instandsetzung, Störung oder Abbau. Darüber hinaus sind die Betriebs- und Umgebungseinflüsse von Bedeutung, so zum Beispiel die Ansammlung von Gasen, Dämpfen und Stäuben während der gesamten Prozess- bzw. Verarbeitungsphase.

Gefährliche explosionsfähige Atmosphären

Explosionsgefährdete Atmosphären bergen das Risiko, dass Menschen verletzt und Gebäude sowie Sachwerte durch Explosionen beschädigt werden. Diese Gefahr wird verstärkt, wenn zusätzliche gefährliche und brennbare Stoffe in der Umgebung freigesetzt oder entzündet werden. Die hohen Druck- und Wärmeeinwirkungen können die statischen Gleichgewichtsbedingungen von Strukturen beeinträchtigen, was zu erheblichen Festigkeitsverlusten führen kann. Dies wiederum kann Einstürze und die Bildung von Trümmern zur Folge haben, was weitere Risiken für Menschen und Sachwerte darstellt.

Die Folgen solcher Prozesse hängen von verschiedenen Parametern ab. Die wichtigsten sind:

- die Eigenschaften der freigesetzten Stoffe und Verbrennungsprodukte,
- die Menge und der explosionsfähigen Atmosphäre,
- die Geometrie der Umgebung,
- die Festigkeit der Anlagen und Gebäude,
- die Schutzausrüstung des Personals,
- die physikalischen Eigenschaften der Gegenstände der Umgebung.

Eine gefährliche explosionsfähige Atmosphäre liegt insoweit vor, wenn mehr als 10 l zusammenhängende explosionsfähige Atmosphäre in geschlossenen Räumen unabhängig von der Raumgröße vorhanden sind.

In Räumen mit weniger als 100 m^3 kann, schon eine kleinere Menge als 10 l als gefährlich eingestuft werden. Eine Faustregel ermöglicht eine erste Einordnung, nach der eine explosionsfähige Atmosphäre von mehr als einem Zehntausendstel (1/10.000) des Raumvolumens explosionsgefährlich ist.

Beispiele hierzu:
Raum von 60 m^3 bereits 6 l
Raum von 80 m^3 bereits 8 l

Indessen können auch geringeren Konzentrationen für den Menschen gefährlich sein, sofern die Explosionsauswirkungen die unmittelbare Umgebung beeinträchtigen. Daher ist die Relevanz der Umgebungsbetrachtung ist an dieser Stelle also noch einmal zu würdigen!

Beispielhaft sei auf die Splitterbildung verwiesen:

Explosionsfähige Atmosphären in Gefäßen, die dem auftretenden Druck der Explosion nicht standhalten, zerstören die Gefäße und erzeugen damit einhergehend massive Splitterbildungen

Explosionsfähige Atmosphären befördern Explosionen

Wie bereits dargestellt sind Explosionen sehr schnell ablaufende chemische Reaktionen eines brennbaren Stoffes, die mit der Freisetzung von große Energiemengen einhergehen. freigesetzt werden. Folgende Aspekte gilt es daher zu beachten:

- Geschwindigkeit und Ausbreitung der Flammen,
- Entwicklung von Druck.

Bei einer explosionsfähigen Atmosphäre, also der Kombination gibt aus (Umgebungs-) Luft und brennbaren Gasen, Dämpfen, Stäuben oder Nebeln unter atmosphärischen Bedingungen, entsteht eine Verbrennung nach der Entzündung, die sich auf das gesamte unverbrannte Gemisch überträgt. „Übertragung“ in diesem Kontext ist eine selbstständige Entwicklung der Reaktion. Mit Blick auf die so sich ergebende Flammengeschwindigkeit sind zwei Dimensionen zu beachten:

1. Deflagration: kurzzeitig ablaufende Verbrennung eines Stoffes bzw. Gemisches.
2. Detonation: Flammenreaktion, ausgelöst durch Stoßwellen.

Die Stoßwelle kann das aufgestaute explosionsfähige Gemisch durch Komprimierungswärme zünden. Bei einer Detonation ist die Flammengeschwindigkeit im Gasgemisch höher als die Schallgeschwindigkeit. Dies liegt daran, dass die Flammenfront an eine für Detonationen charakteristische Stoßwelle gekoppelt ist.

Eine Explosion ist eine schnell ablaufende exotherme chemische Oxidations- oder Zerfallsreaktion, die eine Volumenvergrößerung durch Aufheizung der umgebenden Atmosphäre und ggf. die Entstehung gasförmiger Reaktionsprodukte bedingt. Diese Volumenvergrößerung führt zu einem Anstieg des Drucks in der Umgebung.

In der Gefährdungsbeurteilung sind die Eigenschaften der Stoffe und die damit zusammenhängenden physikalisch-chemischen Gefährdungen zu berücksichtigen. Die jeweiligen Explosionsarten erzeugen verschiedene Drücke und auch unterschiedliche Geschwindigkeiten des Druckanstiegs. Eine ablaufbezogene Charakterisierung der Vorgänge lässt sich aus der Konkretisierung von Deflagration und Detonation ableiten:

Deflagration

- schneller Verbrennungsvorgang
- Explosionsdruck nur durch die entstehenden und sich ausdehnenden Gase
- Druck kleiner als der 10-fache Anfangsdruck (für Kohlenwasserstoffe)
- Druck liegt in der gesamten Behältergeometrie in wenigen hundert Millisekunden bis zu einigen Sekunden vor

Detonation

- Schallgeschwindigkeit
- Reaktion wird von einer Stoßfront durch eine adiabatische Kompression gezündet
- aus Druckwellen entstehen Druckstoßfronten
- diese fallen durch den sehr steilen Druckanstieg im Druckverlauf auf.
- Stoßfront und Reaktionsfront bei gleicher Geschwindigkeit – gegenseitige Kopplung
- lokal kurzzeitige Druckstöße
- deren Spitzenwerte können deutlich höher sein als der maximale Explosionsdruck
- Verhältnis von p_{max} zu Anfangsdruck kann Werte von mehr als dem 10-fachen des Anfangsdruckes erreichen (p_{max} 8 bar bis 10 bar)
- Explosionsdruck hält nur wenige Millisekunden an
- Detonationswellen bei Aufprall auf Hindernisse daher besonders starke Wirkung

Folgen einer Explosion
Nichtgewollte und/oder unkontrollierte Explosionen sind eine große Gefahr und damit ein hohes Risiko für die Arbeitssicherheit. Neben Sachschäden sind auch Personenschäden naheliegend. Das Gefährdungsrisiko muss immer als sehr hoch eingeschätzt werden, da schwere Unfälle auch aus kleinen oder aus leichten Explosionen folgenkönnen. Zu beachten ist neben einer hohen Verletzungsgefahr das signifikant erhöhte Risiko einer Todesfolge.

Im Explosionsfall sind Personen gefährdet durch:

- unkontrollierte Flammenwirkungen,
- unkontrollierte Druckwirkungen,
- umherfliegende Splitter oder Trümmer,
- schädliche Reaktionsprodukte.

Eine Abschätzung der zu erwartenden Schäden und der Größe des betroffenen Bereiches erfordert eine Einzelfallanalyse. Jede Gefährdungsbeurteilung erfolgt für den Einzelfall. Die Beurteilung möglicher Explosionsgefahren und die konkreten Folgewirkungen abzuschätzen ist mitunter nicht exakt möglich, sodass Szenarien basiert, also durch Formulierung von Annahmen unterschiedlicher Abläufe und Auswirkungen, vorzugehen ist. Dabei gilt es auf die spezifischen Bedingungen vor Ort unter Einbeziehung von den potenziellen Konzentrationen der explosionsfähigen Atmosphäre und der Art ihres Einschlusses, z. B. in Behältern, mehr oder weniger geschlossenen Räumen, Gruben, Kanälen oder im Freien abzustellen. Neben diesen räumlichen Faktoren sind die möglichen Explosionsfolgen einzubeziehen. Hierbei geht es v. a. um Flammen, Wärmestrahlung, Druckwellen, Festigkeitsverluste und Freisetzungen gefährlicher Stoffe.

Verletzungen durch Hitze und Flammen

Flammen und Hitze führen zu einer Schädigung von Gewebe. Meistens sind die Haut oder die Schleimhaut betroffen. Bei einer Explosion mit entsprechend starker Wärmebildung bzw. mit der Bildung von Flammen können Brandwunden oder Inhalationstraumen die Folge sein. Dies kann auf eine direkte Flammeneinwirkung zurückgehen, aber auch auf freigesetzte heiße Flüssigkeiten, Dämpfe oder Gase. Ebenso sind herumfliegende heiße Gegenstände als Risikofaktoren zu nennen. Insgesamt sind folgende Gefahren im Zuge von Hitze- oder Flammenbildung zu nennen:

Stichflammen: in explosionsfähiger Atmosphäre sich stark und schnell ausbreitende Flamme (etwa zehnmal so großes Volumen wie vor Entzündung), bei Ausbreitung in eine Richtung muss mit langen Stichflammen gerechnet werden.

Wärme bzw. Hitzeeinwirkung: bei Überschreitung einer vorgegebenen Höchstmenge an Wärme kommt es zur Hitze, die nicht durch normale Wärmeaustauschprozesse des Körpers abgeleitet werden kann. Achtung: Auf molekularer Ebene kommt es ab 40°C zur Degeneration zellulärer Eiweiße mit temporärem Funktionsverlust. Ab 45°C führt der thermische Stress zur Denaturierung und damit zum Struktur- und Funktionsverlust der Bau- und Funktionseiweiße. Bei partieller Wärmeeinwirkung über 70°C tritt eine Hautschädigung bereits innerhalb weniger Augenblicke ein.

Thermisches Inhalationstrauma: Wärme bzw. Hitze gelangt über die Atemwege in den Körper, schwere Verbrennungen im Nasen- und Rachenraum resultieren. Hinzu kommt es zu einer Schädigung der oberen und unteren Atemwege sowie der Lunge. Bei schnell zunehmenden Schleimhautschwellungen besteht Erstickungsgefahr.

Verbrühung: bei Kontakt mit heißen Flüssigkeiten oder Dämpfen. Es gibt Verbrühungen durch heißes Wasser oder durch Wasserdampf. Die Verbrühungen durch Wasserdampf sind gefährlicher, da der Dampf heißer werden kann als das Wasser. Ab bereits 45°C sind Verbrühungen am Körper möglich. Bei Verbrühungen besteht allgemein das Risiko der raschen Ausbreitung. Heiße Flüssigkeiten bewegen sich am gesamten Körper schnell fort.

Folgebrände: Eine Explosion kann Schäden in der Umgebung auslösen, die wiederum weitere brennbare oder andere gefährliche Stoffe freisetzen können. Zudem besteht das Risiko der Entzündung.

Verletzungen als Folge von Verbrennungen haben je nach Schwere nicht nur lokale Auswirkungen, sondern erfassen den gesamten Körper. Lebensgefährliche Schockzustände oder

Erstickungsgefahr sind nur zwei mögliche Folgen. Die Resilienz ist von Mensch zu Mensch verschieden und dabei auch von zahlreichen Einflussgrößen wie Alter, körperlicher Zustand oder Körperfläche abhängig.

Auch Kreislaufschocks sowie körperliche Allgemeinreaktionen wie eine Sepsis sind möglich. Ein Funktionsverlust der Organe ist je nach Ausmaß schnell erreicht. Es können auch nicht betroffene Organe geschädigt werden. So kommt es etwa zum akuten Nierenversagen. Die Gesamtheit der Schädigungen führt zur sogenannte Verbrennungskrankheit.

Es gibt vier Grade der Verbrennung:

1. Grad: Hautrötungen, leichte Schwellungen, Schmerzen, vollständig reversibel.
2. Grad: Blasenbildung, starke Schmerzen, vollständige Heilung mit/ohne Narbengewebe möglich.
3. Grad: Hautnekrosen, Blasen, wenig bis keine Schmerzen, weil Nervenendungen zerstört sind, irreversibel.
4. Grad: Verkohlung, keine Hautschmerzen, Knochen und Faszien betroffen, irreversibel.

Verletzungen als Folge des Explosionsdrucks

Trifft die Druckwelle auf das Körpergewebe, kommt es dort zu Schädigungen. Ohren und Lunge sind besonders gefährdet. Mit fünf Risiken ist zu rechnen:

Knalltrauma: Ein lauter Knall schädigt das Innenohr. Eine Druckwelle von maximal drei Millisekunden bedingt ein Knalltrauma. Zu unterscheiden ist das Explosionstrauma. Hier wirkt eine länger wirkende Schallwelle. Bei schwerer Schädigung kann eine dauerhafte Beeinträchtigung der Hörorgane verbleiben.

Trommelfellrupturen und Mittelohrschäden: Riss oder Loch im Trommelfell durch äußere Verletzungen.

Pulmonales Barotrauma: auch „Explosionslunge“ genannt. Eine Explosion kann hohen Druck auf den Brustkorb ausüben. Bleibt der Mund geschlossen, kommt es zu Verletzungen des Lungengewebes. Üblich sind Lungenquetschungen oder systemische Luftembolien im Gehirn oder Rückenmark. Auch Thrombosen können auftreten.

Ein *Thoraxtrauma* ist eine Verletzung des Brustkorbs, der dahinterliegenden Organe oder der angrenzenden Strukturen durch eine mechanische Gewalteinwirkung. Es kann akute Lebensgefahr bestehen.

Organverletzungen / innere Verletzungen: Explosionen können Überschalldruckwellen mit sich bringen. Diese komprimieren gasgefüllte Körperhöhlen und Organe, die expandieren können. Es entwickeln sich Reißkräfte und/oder Scherkräfte, die das Gewebe schädigen. Organe können perforieren. Wenn innere Organe einen Riss bekommen oder gänzlich zerrissen werden, liegt üblicherweise ein äußeres Trauma vor. Der Körper wird in seinen Funktionen massiv eingeschränkt und es besteht schnell akute Lebensgefahr. Es ist mit sehr hohem Blutverlust und Erstickungsgefahr zu rechnen.

Schädel-Hirn-Trauma: Eine von außen wirkender Kraft auf den Kopf kann zu Gehirnverletzungen führen. Bewusstseinsstörungen, Bewusstlosigkeit oder neurologische Ausfälle können folgen.

Verletzungen durch Splitter oder Trümmer

Fragmente von Gegenständen können bedingt von Explosionen durch den Raum schlaudern und andere Flächen treffen. So können Folgeschäden in der Umgebung entstehen. Auch der Mensch ist der Gefahr von Splittern oder Trümmern getroffen zu werden, ausgesetzt. Leichte oberflächliche Verletzungen sind ebenso möglich wie schwerste innere Verletzungen. Die häufigsten gefährlichen Verletzungsarten sind:

- Stiche,
- Pfählungen (Eindringen / durchdringen großer Gegenstände in / durch den Körper),
- Amputationsverletzungen (Abtrennung von Körperteilen infolge der Explosion und ihrer Begleitgefahren).

Gefahren durch Freisetzung von gefährlichen Stoffen

Chemikalien können viele unterschiedliche Reaktionen auslösen. Entscheidend sind hier die unterschiedlichen körperlichen Aufnahmen.,. Viele Stoffe sind brennbar, explosiv und/oder ätzend sowie auch giftig. Kommt es infolge eines Unfalls zur Freisetzung von Chemikalien, sind folgende Determinanten zu berücksichtigen, die über Art und Stärke der Reaktionen entscheiden:

- Stoffeigenschaften,
- Zustand des Stoffs,
- Umweltbedingungen.

Die meisten gefährlichen Stoffe lösen schädliche Wirkungen im Organismus unmittelbar nach der Aufnahme aus.

Gefahren durch Sekundärunfälle

Sekundärunfälle sind Folgen des bereits geschehenen Unfalls. Beispielhaft sei ein Leitersturz infolge eines Schreckmomentes durch einen Überschallknall, der sodann zu Pfählungs- und Schnittverletzungen führt.

Substitutionsprüfung und Substitutionsentscheidung

In der Verordnung zum Schutz vor Gefahrstoffen (GefStoffV) wird im Rahmen der Informationsermittlung und Gefährdungsbeurteilung (§ 6) unter anderen Aspekten verlangt, dass Möglichkeiten der Substitution, also ein Austausch des bestehenden Verfahrens, in Erwägung gezogen werden. Die Substitutionsprüfung soll verschiedene Alternativen in Betracht ziehen, die zu Minimierung oder Vermeidung von Gefahren für Gesundheit und Sicherheit der Beschäftigten möglich machen. Die zum Vergleich heranziehbaren Alternativen können vielfältig sein. Beispielsweise könnte durch einen Ersatzstoff ein geringeres Gesamtrisiko erzeugt werden. Selbstverständlich führen auch technische Schutzmaßnahmen zu einer Erhöhung der Arbeitssicherheit.

Sind Tätigkeiten unter Beteiligung von Gefahrstoffen durch Schutzmaßnahmen zu unterstützen, die über die allgemeinen Schutzmaßnahmen nach § 8 der Gefahrstoffverordnung hinausgehen, ist eine Substitutionsprüfung erforderlich.

Explosionsrisiken gilt es grundsätzlich auf ein Minimum zu reduzieren, sodass es einer gesonderten Prüfung zum möglichen Austausch des explosionsgefährlichen Stoffes erfordert. Ziel ist die Reduzierung bzw. der Ausschluss von Explosionsgefahren durch alternative Stoffe bzw. alternative Stoffkombinationen.

Als Maßstab gilt die folgende grobe Faustregel:

Alles, was durch weniger gefährliche Stoffe ersetzt werden kann, ist auch zu ersetzen.

Hier ist der Begriff der Ersatzstoffe ins Feld zu führen: Es handelt sich um alle Stoffe, Gemische oder Erzeugnisse, die mit einer geringeren Gefährdung der Gesundheit der Beschäftigten, alle Stoffe oder Gemische ganz oder teilweise ersetzen können, die bei der Herstellung oder Verwendung eine schädigende Wirkung für Mensch und Umwelt darstellen.

Der Arbeitgeber hat die Pflicht, zum Schutz der Beschäftigten bei Tätigkeiten mit Explosionsgefahren die Substitutionsprüfung durchzuführen bzw. sämtliche Substitutionsmöglichkeiten unter Berücksichtigung der Verhältnismäßigkeit zu berücksichtigen und -wenn möglich- umzusetzen.

Die Substitutionsprüfung umfasst allgemein:

- Prüfung des Einsatzes von Gefahrstoffen bzw. Ausschluss desselben
- Prüfung ungefährlicherer Ersatzstoffe und Prüfung von deren Einsetzbarkeit
- Prüfung der Einsetzbarkeit von Arbeitsverfahren, die mit keinen oder wenigen Emissionen am Arbeitsplatz auskommen.

Der letzte Aufzählungspunkt leitet über zum Ersatzverfahren. Damit sind alle Verfahren gemeint, die ein vergleichbares technisches Ergebnis liefern, aber ohne den Einsatz von Stoffen oder Gemischen auskommen, die bei der Herstellung oder Verwendung eine schädigende Wirkung für Mensch und Umwelt haben könnten. Maßgebend sind:

- Ergebnisse der Verfahren,
- Effektivität und Effizienz der Verfahren,
- Gesundheitsrisiken der Verfahren.

Eine Substitutionsprüfung mit dem Ziel der Gefährdungsverringerung oder Gefährdungsvermeidung bezieht sich auf alle Tätigkeitsbereiche mit Gefahrenstoffen einschließlich der Wartungsarbeiten sowie der Bedien- und Überwachungsaufgaben.

Das bedeutet, dass in allen Bereichen ein Minimum an Risiken angestrebt werden muss.

Auswahlkriterien

Das Prinzip des minimalsten Explosionsrisikos bei maximalsten Arbeitsergebnissen lässt sich mit einem „Index" messen und anwenden. Das bedeutet, dass es eine reflektierte stoff- bzw. verfahrensbezogene Auswahl braucht. Als Ergebnis einer können auch mehrere Substitutionsmöglichkeiten vorgeschlagen werden. Hier gilt es im Kontext der Risikominimierung, die muss die bestmögliche Auswahl zu treffen. Eine Vorauswahl ist zu treffen, wenn bei mehreren Optionen nicht alle mit gleicher Priorität auf ihre technische und gesundheitliche Eignung geprüft werden können. Leitkriterien sind die Gefährlichkeitsmerkmale und das Freisetzungspotenzial, die sich jeweils durch die physikalisch-chemischen Eigenschaften und durch die Verfahrensbedingungen ergeben. Alle Merkmale sind gegeneinander abzuwägen, um die Erwartung einer Gefährdungsminimierung zu erfüllen.

Physikalisch-chemische Eigenschaften und Freisetzungspotenzial

Wesentlich im Sinne der Substitutionsprüfung ist die Frage, ob Stoffe eingesetzt werden können, die keine explosionsfähigen Gemische bilden. Sofern ja, sind diese natürlich vorzuziehen.

Die Gefährdung kann substituiert werden durch eine Orientierung an den Leitkriterien:

1. extrem entzündbar oder pyrophor → leicht entzündbar → entzündbar → keines dieser Merkmale,
2. brandfördernd → nicht brandfördernd,
3. explosionsgefährlich → nicht explosionsgefährlich.

Istein Gefahrstoff nicht durch einen weniger gefährlichen ersetzbar, zielen die weiteren Schritte auf die Reduzierung des Freisetzungspotenzials oder auf die Reduzierung der verwendungsbezogenen Umgangsgefahren ab. Auch hier erfolgt die Substitution in einer festgelegten Reihenfolge:

1. Gas → Flüssigkeit → Paste,
2. staubender Feststoff → nicht staubender Feststoff,
3. sublimierender Feststoff → nicht sublimierender Feststoff,
4. niedriger Siedepunkt (hoher Dampfdruck) → hoher Siedepunkt (niedriger Dampfdruck),

Arbeitsbedingungen

Bei den Verfahrens- und Verwendungsbedingungen ist der Substitutionsaufwand mitunter sehr groß, insbesondere in den Fällen einer vollständigen Verfahrensänderung. Leitkriterium ist der Emissionsgrad: Ein Verfahren, das gegenüber anderen Verfahren weniger Emissionen abgibt, ist zu priorisieren.

Gefahrstoffe können so u. a. in einem geschlossenen System hergestellt und verwendet werden. Voraussetzung ist allerdings, dass die Substitution durch nicht oder weniger gefährliche Stoffe technisch nicht möglich ist.

Ist ein geschlossenes System aus technischen Gründen nicht nutzbar, kann die Gefährdung durch emissionsärmere Verwendungsformen erreicht werden. Ein Anwendungsbeispiel ist die Beschichtung von Oberflächen durch Lackarbeiten mit Druckluft. Eine Substitution ist beispielsweise erreicht, sofern die Sprühanwendung durch ein aerosolarmes Verfahren ersetzt wird, so z. B. Streich- oder Tauchverfahren.

Auch hier ist wieder linear zu denken bzw. vorzugehen:

1. offenes Verfahren → geschlossenes Verfahren,
2. Verfahren mit Benetzung großer Flächen → Verfahren mit Benetzung kleiner Flächen,
3. Verfahren bei hohen Temperaturen → Verfahren bei Raumtemperatur,
4. Verfahren unter Druck → drucklose Verfahren,
5. Verfahren unter Erzeugung von Aerosolen → aerosolfreie Verfahren,
6. große Menge → kleine Menge.

Auswahl und Entscheidungsprozesse

Die Auswahl von Ersatzstoffen oder Ersatzverfahren hängt neben einer Analyse der Ersatzmöglichkeiten von der letztlich von einer Gesamtbewertung unter Einbeziehung stofflicher, technischer, verfahrensbezogener und arbeitsschutzrelevanter Faktoren ab. Die beschriebenen Auswahlkriterien dienen einer ersten Annäherung an die Entscheidungsprozesse der Substitution. Sie müssen im weiteren Verlauf der Prüfung konkretisiert werden.

Die gesamte Substitutionsprüfung lässt sich in zwei Phasen ausbringen:

1. Vorauswahl
2. engere Auswahl bzw. konkrete Entscheidungen

Substitutionsmöglichkeiten, die in der Vorauswahl als geeignet erscheinen, können mit weiteren Methoden gründlicher auf ihre Eignung geprüft werden. Maßgebend sind die technischen, gesundheitlichen und physikalisch-chemischen Determinanten. Zu beachten sind regulatorische Vorgaben sowie rechtlich verbindliche und vom Unternehmen festgesetzte Kriterien.

Betrachtung der technischen Eignung
Im Fokus stehen die Verarbeitungsverfahren. Bei diesen ist zunächst etwaige technische Grenzen und Realisierungsmöglichkeiten zu prüfen. Im Anschluss sind Arbeitsverfahren zu wählen, die unter Berücksichtigung der technischen Möglichkeiten das Kontaktrisiko von Beschäftigten zu gefährlichen Schwebstoffen, Gasen oder Dämpfen minimieren. Die gefährlichen Stoffe sollen nicht freigesetzt werden. Vielmehr gilt es das Freisetzungsvermögen zu reduzieren und / oder die technische Ausstattung im Betrieb aufzuwerten.

Daraus wiederum resultieren drei relevante Dimensionen:

1. Technische Anforderungen: Prüfung technischer Parameter beispielsweise in der Verwendung oder in der Bearbeitung bzw. Verarbeitung Von Materialien, dem Arbeitsablauf und der Maschinengängigkeit.
2. Eignung in der Prozesskette: Prüfung von Eigenschaften auf eine mögliche Verzichtsoption.
3. Umsetzbarkeit: Prüfung von Qualifikationsanforderungen oder dem erforderlichen Platzbedarf von alternativen Bearbeitungsmethoden.

Betrachtung der gesundheitlichen und physikalisch-chemischen Gefährdungen
Maßstab im Kontext von gesundheitlichen Risiken ist die absolute Gefahrenfreiheit bzw. die nachweise Reduzierung auf das Mindestmaß. Eine Substitutionslösung dient dem Zweck, die Gefährdungen durch Gefahrstoffe insgesamt zu verringern. Gleichzeitig sollte die Lösung zu keiner Erhöhung anderer Gefährdungen führen bzw. beitragen. Ebenso darf es zu keiner erhöhten Beeinträchtigung von Schutzgütern durch die Substitutionslösung kommen.

Es sind vier Dimensionen zu berücksichtigen:

1. **Gesundheitliche Gefährdung**

Prüfung möglicher gesundheitlicher Risiken durch Analyse und Auswertung aller bekannter gesundheitsrelevanter Eigenschaften unter besonderer Berücksichtigung der Kontaktmöglichkeiten des Personals mit den Stoffen (Hautkontakt, Einatmen, Verschlucken).

2. **Physikalisch-chemische Eigenschaften**

Prüfung der physikalisch-chemischen Eigenschaften von Stoffen mit besonderem Blick auf Brand- oder Explosionsgefahren. Ein Anwendungsbeispiel ist der Ersatz von Kohlenwasserstoffen mit niedrigem Flammpunkt durch Kohlenwasserstoffe mit einem Flammpunkt, der weit über der Anwendungstemperatur liegt. Damit würde sich keine explosionsfähige Atmosphäre bilden können.

3. **Gefahren für die Umwelt**

Prüfung von Risiken für Umwelt und Natur durch eine entsprechende Bewertung umweltgefährdender Stoffe einschließlich möglicher umweltgefährdender Umwandlungsprodukte. Zu berücksichtigen sind Auswirkungen auf Klima, Tiere, Pflanzen, Wasser, Boden und Luft sowie auf Mikroorganismen. Dabei spielt die natürliche Abbaubarkeit von Stoffen eine tragende Rolle.

4. **Weitere arbeitsbedingte Gefährdungen**

Prüfung von allen grundlegenden oder weiterführenden Gefahrenpotenzialen. Hierzu zählen beispielsweise Lärm, Mitarbeiterverhalten, mechanische Gefahren oder Arbeitsorganisation. Dieser Aspekt ist in der GefStoffV nicht genannt, hat indessen seine Berechtigung durch den normalen bzw. allgemeinen Arbeitsschutz, respektive Sicherheits- und Gesundheitsschutz.

Auswahlkriterien für die Eignung von Ersatzlösungen

Bei einer Substitutionsprüfung geht es zwar in erster Linie um Arbeits- bzw. Explosionsschutz, doch gleichzeitig spielen natürlich auch ökonomische Aspekte eine tragende Rolle. Auch wenn ein Verfahren ggfs. teurer ist, dafür aber sicherer, muss dieses ausgewählt werden. Es gibt aber auch die Option, dass ein Verfahren nicht nur sicherer, sondern auch wirtschaftlicher betrieben werden kann. ist.

Allgemein gilt: Ob und in welchem Ausmaß eine geplante Ersatzlösung mit wirtschaftlichem Einfluss einhergeht, hängt von den individuellen Rahmenbedingungen des Betriebes ab. Beispielsweise der Umgang mit weiteren Gefahrstoffen, die Arbeitsorganisation oder der technische Standard.

Es gilt auch: Die Ersatzverfahren und -stoffe sind zu nutzen, wenn diese zumutbar sind. Können Ersatzstoffe mit geringerem Risiko identifiziert werden, ist die Zumutbarkeit für den Einsatz im Einzelfall zu bewerten. Abwägungsgründe für den betrieblichen Einsatz von Ersatzlösungen sind v. a.:

- Materialkosten,
- Anlage- und Investitionskosten,
- Arbeits -und Energiekosten,

- Lager- und Transportkosten (z. B. Frachttarife, Verpackung),
- Entsorgungskosten durch Recycling, Abwasser, Abluft,
- Organisationskosten,
- Versicherungskosten.

Weiterhin ist zu beachten: Zumutbar ist die Verwendung von Stoffen, Zubereitungen und Erzeugnissen als Substitutionselemente, sofern ein geringeres Risiko erwartbar ist und die betroffenen betriebsbezogenen Faktoren positiv beeinflusst werden.

Sollten einzelne Kriterien nicht zu einem substitutiven Vorschlag führen, ist die Ersatzlösung dennoch zumutbar, da insbesondere der risikoarme Faktor im Fokus steht. Letztlich bedarf es jedoch einer Gesamtbewertung der konkreten betrieblichen Rahmenbedingung. Die ökonomischen Aspekte sind sekundär. Wird eine Ersatzlösung mit weniger gefährlichen Stoffen oder Verfahren aus betriebswirtschaftlichen Gründen nicht umgesetzt, ist eine dezidierte Dokumentation von Ablehungsgründen erforderlich.

Es können bei einer Auswahlentscheidung auch weitere Faktoren eine Rolle spielen, so zum Beispiel:

1. Auswirkungen auf die Verringerung von Gefährdungen,
2. Auswirkungen auf das Firmenimage,
3. Auswirkungen auf Mitarbeiterzufriedenheit und Mitarbeiterbindung,
4. Auswirkungen auf Nachhaltigkeit.

Im Optimalfall biete eine Ersatzlösung nur Vorteile. Es ist jedoch nicht möglich, wirklich alle Faktoren bei der Substitutionsprüfung zu berücksichtigen. Daher sollte das Unternehmen vor einer Substitutionsprüfung die beurteilungsrelevanten Kriterien explizit formulieren.

Umsetzung der Substitution

Unternehmen sind bei einer Substitutionsprüfung und Durchführung der Ersatzanwendungen nicht auf sich alleingestellt. Sie können zurückgreifen auf anerkannte Empfehlungen zur Substitution.

Empfehlungen
Hier sind neben allgemeinen Branchenregelungen vier Dokumente besonders zu berücksichtigen:

- TRGS 600: Die Technischen Regeln für Gefahrstoffe (TRGS) geben den Stand der Technik, Arbeitsmedizin und Arbeitshygiene sowie sonstige gesicherte wissenschaftliche Erkenntnisse für Tätigkeiten mit Gefahrstoffen, einschließlich deren Einstufung und Kennzeichnung, wieder. TRGS 600 bezieht sich auf die Substitution. TRGS 400 beinhaltet dagegen die Gefährdungsbeurteilung für Tätigkeiten mit Gefahrstoffen.
- Empfehlungen Gefährdungsermittlung der Unfallversicherungsträger (EGU): Die Empfehlungen werden von den Trägern der Unfallversicherungen und dem IFA gemeinsam mit den Ländern und der Bundesanstalt für Arbeitsschutz und Arbeitsmedizin erarbeitet. Sie stellen dem Stand der Technik entsprechende Expositionsbeschreibungen für Verfahren und Tätigkeiten mit Gefahrstoffen dar.
- LASI-Leitfäden, Schriftenreihen der BAuA: Der Länderausschuss für Arbeitsschutz und Sicherheitstechnik (LASI) ist eine Einrichtung, die der Konferenz der Ministerinnen und Minister, Senatorinnen und Senatoren für Arbeit und Soziales (Arbeits- und Sozialministerkonferenz – ASMK) zugestellt ist. Er nimmt Koordinierungsaufgaben wahr und hat mit den LASI-Leitfäden eine eigene Veröffentlichungsreihe. Die Leitfäden dienen der Angleichung behördlicher Vollzüge. Aufsichtsbehörden können sich an den Leitsätzen orientieren.
- Produktcodes/GISCODEs: Der GISCODE ist eine Typenkennzeichnung und fasst Produkte mit vergleichbarer Gesundheitsgefährdung und identischen Schutzmaßnahmen zu Kategorien bzw. Gruppen zusammen. Der GISCODE ist auf Herstellerinformationen (Sicherheitsdatenblätter, technische Merkblätter) und Gebinde Etiketten aufgebracht. GISBAU ist die Abkürzung für das Gefahrstoff-Informationssystem der BG BAU. Es enthält Kriterien für die Zuordnung von Produkten zu den entsprechenden Produkt-Codes/ GISCODEs und bietet Informationen über die GISCODE-Gruppen mit Hinweisen zu sicherheitsrelevanten Aspekten wie Inhaltsstoffen, Expositionen und Schutzmaßnahmen.

Modellierung und Dokumentation

Für die Umsetzung der Substitution im Sinne einer Beurteilung von möglichen Ersatzstoffen und einer Durchführung der Substitutionsprüfung nach GefStoffV ist das GHS-Spaltenmodell geeignet und gleichermaßen empfehlenswert. Dieses Modell hilft bei der Suche nach passenden Ersatzstoffen.

Für die Bewertung eines Gefahrstoffes benötigt man das Sicherheitsdatenblatt und eine Kopie der GHS-Spaltenmodell-Tabelle (bei der IFA erhältlich). In dieser Kopie können die relevanten Informationen markiert werden. Nach der Auswertung von zwei oder mehr Produkten ist es möglich, sie innerhalb der einzelnen Spalten der Tabelle miteinander zu vergleichen.

Schneidet ein potenzielles Ersatzprodukt in den fünf Spalten

- akute und chronische Gesundheitsgefahren wie z. B. krebserzeugend,
- Umweltgefahren wie z. B. gewässergefährdend oder Ozonschicht schädigend,
- physikalisch-chemische Einwirkungen wie z. B. explosiv oder oxidierend,

- Freisetzungsverhalten wie z. B. Gase und
- Verfahren wie z. B. offene oder geschlossene Verarbeitung besser ab, als das aktuell verwendete Produkt, ist der mögliche Ersatzstoff gefunden. Ist eine vollständige Verbesserung nicht ableitbar, gilt es die größte Gefahr sowie den naheliegenden künftigen Ersatzstoff zu untersuchen. Stoffe bzw. Produkte, die Informationslücken in den fünf Grundprüfungen aufweisen, sollten nicht als mögliche Ersatzstoffe in Erwägung gezogen werden.

Durch einen jeweils getrennt durchgeführten Vergleich der Spalten für die Produkte wird dokumentiert, ob sich die Ersatzlösung sehr positiv (+ +), positiv (+), neutral (0), negativ (−) oder sehr negativ (− −) auswirkt.

Das Ergebnis der Vergleiche bzw. der Prüfung auf Möglichkeiten zur Substitution ist (auch als Teil der Gefährdungsbeurteilung) Eine konkrete Formvorgabe existiert diesbezüglich nicht.

Das GHS-Spaltenmodell ist u. a. einsehbar auf:
https://www.dguv.de/ifa/praxishilfen/praxishilfen-gefahrstoffe/ghs-spaltenmodell-zur-substitutionspruefung/index.jsp.

Explosionsschutz-Zonen

Ist die Bildung explosionsfähiger Atmosphären nicht vermeidbar, gilt es Maßnahmen zur Verhinderung der Entzündung zu etablieren. Explosionsgeschützte Betriebsmittel sind in diesen Fällen relevant. Hier bedarf es der Einteilung der Betriebs- und Anlagenbereiche in sogenannte Explosionsschutzzonen (Ex-Zonen).

Die Einteilung in Zonen ermöglicht die weitere Festlegung spezifischer Schutzmaßnahmen. Das Ziel der Vermeidung der Entzündung gefährlicher explosionsfähiger Atmosphären korreliert mit der Auftretenswahrscheinlichkeit solcher Atmosphären im Zusammenhang mit wirksamen Zündquellen.

Die Grundlage für die Bewertung erforderlicher Schutzmaßnahmen sind die Wahrscheinlichkeit und die Dauer des Auftretens explosionsfähiger Atmosphären. So werden explosionsgefährdete Bereiche in Zonen unterteilt und die Wahrscheinlichkeit und Dauer des Auftretens explosionsfähiger Atmosphären kategorisiert.

Explosionsschutzzonen

GefStoffV Anhang I (zu § 8 Absatz 8, § 11 Absatz 3) „Besondere Vorschriften für bestimmte Gefahrstoffe und Tätigkeiten“ – Nr. 1 „Brand- und Explosionsgefährdungen“ legt folgende Zonen fest:

Punkt 1.7 Zoneneinteilung explosionsgefährdeter Bereiche

Zone 0 ist ein Bereich, in dem gefährliche explosionsfähige Atmosphäre als Gemisch aus Luft und brennbaren Gasen, Dämpfen oder Nebeln ständig, über lange Zeiträume oder häufig vorhanden ist.

Zone 1 ist ein Bereich, in dem sich im Normalbetrieb gelegentlich eine gefährliche explosionsfähige Atmosphäre als Gemisch aus Luft und brennbaren Gasen, Dämpfen oder Nebeln bilden kann.

Zone 2 ist ein Bereich, in dem im Normalbetrieb eine gefährliche explosionsfähige Atmosphäre als Gemisch aus Luft und brennbaren Gasen, Dämpfen oder Nebeln normalerweise nicht auftritt, und wenn doch, dann nur selten und für kurze Zeit.

[...]

Zone 20 ist ein Bereich, in dem gefährliche explosionsfähige Atmosphäre in Form einer Wolke aus brennbarem Staub, der in der Luft enthalten ist, ständig, über lange Zeiträume oder häufig vorhanden ist.

Zone 21 ist ein Bereich, in dem sich im Normalbetrieb gelegentlich eine gefährliche explosionsfähige Atmosphäre in Form einer Wolke aus in der Luft enthaltenem brennbaren Staub bilden kann.

Zone 22 ist ein Bereich, in dem im Normalbetrieb eine gefährliche explosionsfähige Atmosphäre in Form einer Wolke aus in der Luft enthaltenem brennbaren Staub normalerweise nicht auftritt, und wenn doch, dann nur selten und für kurze Zeit.

Zur Differenzierung der Wahrscheinlichkeiten Bildung und der Zeitdauern des Auftretens gefährlicher explosionsfähiger Atmosphären werden keine konkreten Zahlen angegeben. Zur Beurteilung gefahrdrohender explosionsfähiger Gemische müssen die Wahrscheinlichkeit der Bildung sowie die Dauer ihres Auftretens also abgeschätzt werden.

Wahrscheinlichkeit des Auftretens gefährlicher explosionsfähiger Atmosphären

Bei den Zonen sind die Begriffe „häufig“, „normalerweise“ und „normalerweise nicht“ von besonderer Bedeutung. Eine angemessene und zudem praxisnahe Beschreibung dieser objektiven Faktoren im Sinne des Auftretens gefahrdrohender explosionsfähiger Gemische innerhalb eines bestimmten Zeitraumes dient der weiteren Einordnung. Der Begriff „normalerweise“ bzw. „normal“ verweist auf den Normalbetrieb. Dieser ist wie folgt definiert:

„Es handelt sich um einen Zustand, in dem die Arbeitsmittel oder Anlagen und deren Einrichtungen innerhalb ihrer Auslegungsparameter benutzt oder betrieben werden.“

Liegt der Normalbetrieb vor, erfüllen die Geräte, Schutzsysteme und Komponenten ihre vorgesehene Funktion innerhalb der jeweiligen Auslegungsparameter. Dazu gehört nicht nur der Dauerbetrieb, sondern alle Zustände, in denen sich eine Anlage innerhalb der Auslegungsparameter befinden kann. Die bestehenden Betriebspflichten sind hierbei einzuhalten.

„häufig"

„Häufig" im Sinne dieser Ausführungen beschreibt eine oftmalige bzw. hohe, Auftretenswahrscheinlichkeit. Explosionsfähige Atmosphären treten bei der betriebsmäßigen Verwendung, Verarbeitung oder Erzeugung von brennbaren Gasen, Flüssigkeiten oder Stäuben im Arbeitsprozess auf. Sie sind eine unmittelbare Folge des Arbeitsverfahrens, auch bei bestimmungs- und ordnungsgemäßem Einsatz von Arbeitsmitteln. verwendet werden. Die Ursache ist die meist technologisch bedingte, offene Verwendung der brennbaren Stoffe, z. B. beim Farbspritzen, Pulverbeschichten oder bei notwendiger Erwärmung von brennbaren Flüssigkeiten über ihren Flammpunkt hinaus.

„normalerweise"

Das Wort „normalerweise" impliziert die Routine. In einigen Bereichen ist es NORMALERWEISE üblich, dass gefährliche explosionsfähige Atmosphären durch Gase, Dämpfe oder Nebel auftreten. Diese erscheinen dann betriebsbedingt im Normalbetrieb der Anlage ungeachtet von Auftretenshäufigkeit und Auftretensdauer. Es handelt sich demgemäß um den bestimmungsgemäßen Betrieb nach Hersteller- oder Betreiberangaben.

„normalerweise nicht"

Das An- und Abfahren von Analgen, Probenahmen, Wartung, Reparatur und betriebsbedingte Störungen gelten als besondere Arbeitssituationen. Diese sind zwar nicht Elemente der vorgesehenen Nutzung, fallen aber noch immer in den Bereich des Normalbetriebs.

Normalerweise NICHT vorhandene Betriebssituationen sind z. B. häufige bzw. gelegentliche Inspektionen, Wartungen und ggf. Überprüfungen. Werden brennbare Stoffe ausschließlich in dauerhaft technisch dichten Rohrleitungen gefördert, sind keine explosionsgefährdeten Bereiche zu erwarten.

Explosionsfähige Atmosphären treten sodann *normalerweise* auf, wenn ansonsten technisch geschlossene (dichte) Anlagen an lösbaren Verbindungen betriebstechnisch geöffnet werden müssen. Dies ist beispielsweise für eine im laufenden Betrieb erforderliche regelmäßige Reinigung gegeben, sofern Anlagenteile unbeabsichtigt geöffnet werden können oder Undichtheiten an Anlagenteilen durch technisch bedingten hohen Verschleiß absehbar sind.

Dauer des Auftretens gefährlicher explosionsfähiger Atmosphären

Die Ex-Zonen sind zuvorderst definiert über die Begriffe „ständig", „langzeitig", „gelegentlich", „selten" und „kurzfristig". Diese Begriffe werden in Korrelation zu objektiven Faktoren wie die Verweildauer von Gemischen verwendet.

„ständig" / „langzeitig"

Der Begriff „langzeitig" ist im Sinne von „zeitlich überwiegend" in Bezug auf die Betriebsdauer einer Anlage zu verstehen. Das heißt, während mehr als 50 % der Betriebsdauer der betrachteten Anlage oder eines Anlagenteils besteht eine gefährliche explosionsfähige Atmosphäre.

Diese tritt „ständig" im Innenvolumen von Behältern oder Apparaturen sowie von staubeinschließenden Behältnissen auf, in denen die Lagerung, der Transport oder die Be- oder Verarbeitung dem Betriebszweck der Anlage zurechenbar ist. Hierzu zählt auch ein zeitweise Betrieb solcher Anlagen, der zur Entstehung gefährlicher explosionsfähiger Atmosphären führt.

„gelegentlich"

Dieser Begriff impliziert eine geringe Anzahl von potenziellen Anlässen mit explosionsgefährlichen Atmosphären. Der Bezugszeitraum ist der einzelne Monat. Im Konkreten sollen die gelegentlichen Fälle nicht mehr als dreimal täglich mit einer Dauer von 0,5 h bis maximal 10 h auftreten, damit die Einordnung „gelegentlich" einschlägig bleibt.

Im Normalbetrieb kann eine gefährliche explosionsfähige Atmosphäre freigesetzt werden in …

… Bereichen außerhalb von Behältern, Apparaturen oder staubeinschließenden Behältnissen, die explosionsfähige Gemische beinhalten.

… Umgebungen von Arbeitsöffnungen.

… direkter Nähe von Kontrollöffnungen während des Anlagenbetriebes und bei entsprechenden Arbeitsvorgängen der Befüllung oder der Entleerung durch Dampfverdrängung oder Staubfreisetzung.

Betriebsbedingte Austrittstellen sind z. B. Entlüftungs- und Entspannungsleitungen, Umfüllanschlussstellen, Peilventile, Probenahmestellen, Entwässerungseinrichtungen; bei Stäuben z. B. Übergabestellen. Weitere Austrittstellen sind nicht kontrollierte Flansch- oder Gehäuseverbindungen.

Explosionsfähige Staub-Luft-Gemische bilden sich außerhalb von staubeinschließenden Behältnissen vor allem dort, wo sich Staub ansammeln kann und wo aufgrund der Arbeitsweise zu erwarten ist, dass diese Staubschichten aufgewirbelt werden können.

Dies gilt auch für betriebstechnische Undichtigkeiten einer Anlage, z. B. im Bereich von nicht ausreichend dichtenden Stopfbuchsen an Pumpen und Schiebern. Auch der unmittelbare Bereich an leicht zerbrechlichen Apparaturen oder Leitungen aus Glas, Keramik u.

Ä. sind bei Bruch dieser Anlagenteile durch eine gefährliche explosionsfähige Atmosphäre gefährdet.

„kurzzeitig"
Die Zeitdauer liegt bei 30 min bis maximal zwei Stunden. Gemeint sind u. a. Betriebssituationen als Folge von Undichtheiten oder vorhersehbaren Störungen. Hier ist durch technische Überwachungen oder regelmäßige Begehungen sicherzustellen, dass Freisetzungen schnell erkannt sowie Maßnahmen rechtzeitig eingeleitet werden können, um die Betriebsstörung zu beheben bzw. die Staubablagerungen beseitigen zu können.

Ex-Zonen in Umfang und Ausmaß

Explosionsgefährdete Bereiche müssen mit Blick auf ihre Ausdehnung dreidimensional verortet werden. Hier gilt es die potenziellen Ausdehnungen bzw. Ausdehnungsbereiche gefährlicher explosionsfähiger Atmosphären unter Berücksichtigung der tatsächlichen Arbeitssystemgestaltungen abzuschätzen. Dabei ist die Gefahrenquelle möglichst schnell und eindeutig zu identifizieren. Die Kriterien zur Wahrscheinlichkeit und zur Dauer des Auftretens explosionsfähiger Atmosphären sind sowohl isoliert voneinander als auch zusammenhängend zu betrachten. Der jeweils ermittelte höhere Gefährdungsgrad muss letztlich angenommen werden.

Die Angaben zur Zoneneinteilung können den technischen Regeln des Betriebsbereichs, Merkblättern und Beispielsammlungen (insbesondere den Explosionsschutzregeln DGUV Regel 113-001) entnommen werden.

Im Einzelfall gilt:

- Betrachtung der betrieblichen Bedingungen vor Ort,
- Verwendung und Menge brennbarer Stoffe,
- sämtliche Randbedingungen, wie z. B. Lüftungsoptionen.

Die Bezugnahme auf Umfang und Ausmaß der Ex-Zonen ist auch über die Ableitung der Zoneneinteilung aus ähnlichen Beispielen möglich, dann aber nur unter Berücksichtigung der eigenen Angaben über Freisetzung und Schutzmaßnahmen.

Falls erforderlich, sollten Anlagenzustände beschrieben werden. Damit lassen sich man alle Überlegungen zur Zoneneinstufung nachvollziehbar darstellen. Sollten ausreichende Angaben fehlen oder eine besonders komplexe Anlage zu beurteilen sein, sollten Explosionsschutz-Sachverständige kontaktiert werden.

Staatliche Bestimmungen

Bei Einhaltung aller technischen Regeln sind implizit auch alle, Inhalte der Gefahrstoffverordnung umgesetzt worden. Die Festlegung auf ausgewählte Schutzmaßnahmen innerhalb von explosionsgefährdeten Bereichen erfolgt durch eine Gefährdungsbeurteilung. Demgemäß handelt es sich um eine Einzelfallbewertung. Die Auswahl der Schutzmaßnahmen als Ergebnis der Gefährdungsbeurteilung muss vom Unternehmer (wiederkehrend) geprüft werden. Er kann auch andere Maßnahmen anwenden, sofern diese eine vergleichbares Niveau für Sicherheit und Gesundheitsschutz erreichen.

Maßgebende Standards sind unter anderem:

- TRGS 507: Keine direkte Einteilung in Ex-Zonen, jedoch Definition von Mindestanforderungen an Betriebsmittel. Mit diesen Anforderungen können Rückschlüsse auf die Wahrscheinlichkeit und Dauer explosionsfähiger Atmosphären gezogen werden. Dies ermöglicht wiederum die Definition von Ex-Zonen.
- TRGS 509: Hinweise und Richtlinien zur Einteilung von explosionsgefährdeten Bereichen in Ex-Zonen bei Lagerung und Abfüllung von entzündbaren Flüssigkeiten. Besonders wichtig ist hierbei Anlage 2 (Festlegung von Ex-Zonen bei Lagerung und Abfüllung von entzündbaren Flüssigkeiten mit einem Flammpunkt von $\leq 55\,°C$ in mehreren Bereichen).
- TRGS 510: Hier ist Anlage 5 von Bedeutung. Sie beinhaltet besondere Maßnahmen zum Brand- und Explosionsschutz bei der Lagerung von entzündbaren Flüssigkeiten. Es gibt auch Anhaltspunkte für die Festlegung der Zoneneinteilung für Lager, in denen das Auftreten explosionsfähiger Atmosphären aufgrund betrieblicher Umstände nicht verhindert werden kann.

Die TRGS 700 ff. sind alle relevant für den Explosionsschutz und geben wichtige Hinweise und Regelungen für den Umgang mit gefährlichen Stoffen und den Schutz vor explosionsfähigen Atmosphären.

Beispiele zu den Explosionsschutz-Regeln DGUV Regel 113-001
Die berufsgenossenschaftlichen Explosionsschutz-Regeln (EX-RL) sind eine Sammlung aller explosionsschutzrelevanten technischen Regeln inklusive der weltweit größten Beispielsammlung zur Einteilung explosionsgefährdeter Bereiche in entsprechende Ex-Zonen. Der Fachbereich „Rohstoffe und chemische Industrie“ mit dem Sachgebiet „Explosionsschutz“ hat mit der Herausgabe der neuen Beispielsammlung (Blaudruck, Ausgabe 06/2016) alle neuen Aspekte zur Einteilung explosionsgefährdeter Bereiche in Zonen zusammengefasst. Diese Beispiele sind eine Entscheidungshilfe. Sie ermöglichen kritische Auswertungen mit Blick auf Art und Umfang notwendiger Schutzmaßnahmen.

Wichtige Inhalte sind:

- Fallbeispiele für brennbare Gase, Dämpfe, Nebel in der Umgebung und im Inneren von Apparaturen, Behältern und Rohrleitungen,
- Fallbeispiele für brennbare Flüssigkeiten in der Umgebung und im Inneren von Apparaturen, Behältern und Rohrleitungen,
- Fallbeispiele für brennbare Stäube in der Umgebung und im Inneren von staubführenden Apparaten und Behältern,
- Fallbeispiele für spezielle Anlagen.

Zum letzten Punkt zählen z. B.:

- abwassertechnische Anlagen
- Anlagen zur leitungsgebundenen Versorgung der Allgemeinheit mit Gas
- Kohlenstaubanlagen und Brikettfabriken
- Steinkohlen-Aufbereitungsanlagen
- Verarbeitung von Beschichtungsstoffen mit organischen Anteilen
- medizinisch genutzte Räume nach DIN VDE 100 Teil 710
- Umgang mit Acetylen
- Biogasanlagen
- Bedrucken, Verarbeiten und Veredeln von Papier und ähnlichen Stoffen sowie Bedrucken von Textilien unter Verwendung von brennbaren Flüssigkeiten als Lösemittel oder Lösemittelgemisch

Bei allen wie vor dargestellten Fallbeispielen muss stets der Einzelfall berücksichtigt werden! Von diesem hängt letztlich die Wahrscheinlichkeit des Auftretens gefährlicher explosionsfähiger Atmosphären ab.

Die Beispiele sind deshalb nicht als Musterlösungen zu verstehen, sondern als Impulse für die eigenen Grenzen und Möglichkeiten im Unternehmen.

Beispiellösungen aus dem berufsgenossenschaftlichen Regelwerk

Die DGUV Information 209-046 „Lackierräume und -einrichtungen für flüssige Beschichtungsstoffe – Bauliche Einrichtungen, Brand- und Explosionsschutz, Betrieb“ beschreibt im Anhang 1 für die Zonenfestlegung an Spritzlackierarbeitsplätzen Verarbeitungsbeispiele mit Angabe der explosionsgefährdeten Bereiche (Zoneneinteilungen).

Spritzlackierarbeiten und sämtliche damit verbundenen Tätigkeiten wie z. B. Reinigen, Lagern oder das Anmischen von Beschichtungsstoffen führen zu Explosionsgefahren, bei denen in den entsprechenden Räumen durch den Betreiber explosionsgefährdete Bereiche festgelegt werden müssen. Diese Bereiche umfassen:

- gesonderte Räume (Lackierräume) für die Verarbeitung von lösemittelhaltigen Beschichtungsstoffen mit einem Flammpunkt von< 21 °C oder einem Flammpunkt ≥ 21 °C, wenn sie betriebsmäßig über ihren Flammpunkt erwärmt werden,

- gesonderte Räume (Lackierräume) zum Verarbeiten von lösemittelhaltigen Beschichtungsstoffen mit einem Flammpunkt ≥ 21 °C, wenn sie betriebsmäßig nicht über ihren Flammpunkt erwärmt werden,
- andere Räume wie etwa Fertigungsräume mit einzelnen Ständen und Kabinen zur Verarbeitung von lösemittelhaltigen Beschichtungsstoffen mit einem Flammpunkt < 21 °C oder einem Flammpunkt ≥ 21 °C, wenn sie betriebsmäßig über ihren Flammpunkt erwärmt werden,
- andere Arbeitsräume (z. B. Fertigungsräume) mit einzelnen Ständen und Kabinen zum Verarbeiten von lösemittelhaltigen Beschichtungsstoffen mit einem Flammpunkt ≥ 21 °C, wenn sie betriebsmäßig nicht über ihren Flammpunkt erwärmt werden,
- gesonderte Räume (Lackierräume) zur Verarbeitung von lösemittelhaltigen Beschichtungsstoffen in Spritzständen und -kabinen mit oder ohne Bedienperson nach DIN EN 12.215 bzw. DIN EN 13.355,
- andere Arbeitsräume (z. B. Fertigungsräume) mit einzelnen Ständen und Kabinen zur Verarbeitung von lösemittelhaltigen Beschichtungsstoffen in Spritzständen und -kabinen mit oder ohne Bedienperson nach DIN EN 12.215 bzw. DIN EN 13.355,
- gesonderte Räume (Lackierräume) zur Verarbeitung von lösemittelhaltigen Beschichtungsstoffen in Spritzständen und -kabinen ohne Bedienperson nach DIN EN 12.215 (Automatikanlage),
- andere Arbeitsräume (z. B. Fertigungsräume) mit einzelnen Ständen und Kabinen zur Verarbeitung von lösemittelhaltigen Beschichtungsstoffen in Spritzständen und -kabinen ohne Bedienperson nach DIN EN 12.215 (Automatikanlagen),
- Tauchbehälter zum Verarbeiten von flüssigen Beschichtungsstoffen,
- andere Räume (z. B. Fertigungsräume) ohne Spritzwände, -stände, -kabinen oder ähnliche Beschichtungseinrichtungen,
- Abfüllen, Mischen, Umfüllen oder Umpumpen von Beschichtungsstoffen, Lösemitteln o. Ä. zum Teil aus offenen Behältern mit einem Volumen ≤ 10 l,
- Bedienung von Farbmischregalen mit nicht nur selbstschließenden Behältern, mit einem Volumen ≤ 5 l,
- Farbversorgungsräume mit Materialversorgungseinrichtungen, z. B. bestehend aus Behältern, Rührwerken, Pumpen, Dosiervorrichtungen,
- Räume oder Bereiche, in denen frisch lackierte Werkstücke zum Abdunsten und/oder Trocknen abgestellt werden.

Die BG-Information BGI 739-2 „Absauganlagen und Silos für Holzstaub und -späne–Brand- und Explosionsschutz“ beschreibt und erklärt die wichtigsten Anforderungen an den Brand- und Explosionsschutz von Filteranlagen und Silos für Holzstaub, Holzspäne, Hackschnitzel. Dies beginnt mit der Absaugleitung der angeschlossenen Maschinen und führt bis zum Materialeintrag in die Feuerungsanlage – einschließlich der notwendigen Maßnahmen.

Die BG-Information BGI 739-2 „Absauganlagen und Silos für Holzstaub und –späne –Brand –und Explosionsschutz“ erläutert die wichtigsten Anforderungen an den Brand-und

Explosionsschutz von Filteranlagen und Silos für Holzstaub, Holzspäne, Hackschnitzel. Dies umfasst u. a. die Absaugleitung der angeschlossenen Maschinen sowie den Materialeintrag in die Feuerungsanlage.

Kleine Filteranlagen werden in aller Regel mit handwerklicher Fertigung eingesetzt. Größere Filteranlagen werden mit industrieller Fertigung eingesetzt.

Absauganlagen bestehen in der Regel aus den folgenden Elementen:

- Absaugleitungen,
- Ventilatoren,
- Filteranlagen und
- Rückluftkanälen.

In einfachen Fällen nur:

- Absaugleitungen,
- Ventilator,
- Filteranlage und
- Spänesammeleinrichtung.

Bei Zwischenfilteranlagen ist dem Filter eine Förderanlage nachgeschaltet. Diese transportiert das Material in ein Silo. Dort wird es über eine Austrageinrichtung weiterbefördert, z. B. in eine Feuerungsanlage.

BGI 739-2 enthält mehrere Beispiele für eine Zoneneinteilung von explosionsgefährdeten Bereichen im Inneren bzw. in der Umgebung von Anlagen zum Erfassen, Abscheiden und Lagern von Holzstaub und –spänen für verschiedene Anlagenkomponenten. Zentral sind:

- Arbeitsräume, Filteraufstellräume, Heizräume,
- Absaugrohrleitungen zwischen Maschinen und Filteranlage,
- Entstauber,
- Filteranlagen,
- Rückluftleitung zwischen Filteranlage und Arbeitsraum,
- Zyklone,
- Materialtransportleitung mit pneumatischem Transport, z. B. zwischen Filteranlage und Silo,
- Elevatoren, Trogketten-und Kratzförderer,
- Verladung bzw. freie Schüttung innerhalb einer Umhausung,
- Silo.

Die enthaltenen Lösungen sind Beispiele, die auf übliche Vorgänge in der Praxis bezogen sind. Die in der Beispielsammlung angegebenen Ex-Zonen fußen auf Berechnungen der tatsächlichen Materialbeladungen bei derzeit maximal anzunehmenden Zerspanungsleistungen sowie den notwendigen Luftgeschwindigkeiten und Volumenströmen in den Absaugleitungen der jeweiligen Maschine.

Gefährdungsbetrachtungen durch die Hersteller

Hersteller können eine Risikobeurteilung vornehmen im Sinne der 2006/42/EG (Maschinenrichtlinie) in Verbindung mit DIN EN ISO 12100:2011 und ggf. mit DIN EN ISO 13849-1 und -2.

Gelangt der Hersteller zur, dass gefährliche zündfähige Atmosphären oder instabile Stoffen gegeben sein oder entwickelt sein können, muss er dies sogar in der entsprechenden Anlagendokumentation vermerken. Hier sind die konkreten Schutzmaßnahmen zur Vermeidung eines Wirksamwerdens potenzieller Zündquellen darzustellen.

Die Maschinenrichtlinie 2006/42/EG regelt im Anhang I Ziffer 1.5.7 die Gefahren durch Explosionen, nach dem die Maschine so konstruiert und gebaut sein muss, dass jedes Explosionsrisiko vermieden wird, das von der Maschine oder von Gasen, Flüssigkeiten, Stäuben, Dämpfen und anderen von der Maschine freigesetzten oder verwendeten Stoffen ausgeht.

Dies trifft nur für das Innere bzw. die unmittelbare Umgebung der Anlage zu, weil dem Hersteller meistens die weiteren Betriebs-und Umgebungsbedingungen für eine vollständige Bewertung fehlen. Außerdem ist zu berücksichtigen, dass die Installation einer komplexen Anlage in explosionsgefährdeten Bereichen auf dem Gelände des Betreibers auch im Explosionsschutzdokument sicherheitstechnisch bewertet werden muss.

Plan für Explosionsschutz-Zonen

Bei einem Ex-Zonen-Plan ist zwischen einem Plan im Sinne einer Systematik und im Sinne einer Darstellung dieser Systematik zu differenzieren. Dieser Plan umfasst damit alle Entscheidungen für Ex-Zonen. Darüber hinaus enthält dieser „Ex-Zonen-Plan" alle konkreten Ergebnisse der Ausweisung dieser Ex-Zonen. Auf einem Plan sollte zudem sichtbar werden, wo die Ausdehnungsbereiche von explosionsgefährdeten Bereichen lokalisiert sind.

Alle auf einem Betriebsgelände befindlichen explosionsgefährdeten Bereiche sind in ihrer Ausdehnung dreidimensional festzulegen. Dies gilt auch für die Bereiche, die augenscheinlich keine Zündquellen enthalten.

Als Grundlage für einen Ex-Zonen-Plan eignen sich Lagepläne und Grundrisse. Auf Basis solcher Vorlagen können dann die Zonen eindeutig eingetragen werden.

Moglichkeiten der Gestaltung eines Ex-Zonen-Plans:

- Beschriftung

- Farben
- Symbole nach DIN VDE 0165-101

Ein Ex-Zonen-Plan ist bei Bedarf dahingehend zu detaillieren, dass.einzelne Räumen, die komplett einer Ex-Zone zugeordnet sind, lediglich noch im Explosionsschutzdokument anzugeben sind.

(z. B. Lagerraum für brennbare Flüssigkeiten (Haus A, Raum Nr. 12): Zone 1).

Schutzmaßnahmen im Überblick

Ist Bildung gefährlicher explosionsfähiger Atmosphären möglich, so bedarf es präventiver Explosionsschutzmaßnahmen. Diesen Grundsatz gilt es umzusetzen und zunächst die Menschen in den Fokus der Schutzziele zu bringen.,

Den Schutzzielen ist stets eine vorbeugende sowie ereignisbezogene aktuelle Dimension immanent.

In der praktischen Anwendung sind kombinierte Ansatze üblich; hier sollten baulich-technische Maßnahmen den Vorzug vor organisatorischen Lösungen erhalten.

§ 11 GefStoffV verfügt:

„(1) Der Arbeitgeber hat auf der Grundlage der Gefährdungsbeurteilung Maßnahmen zum Schutz der Beschäftigten und anderer Personen vor physikalisch-chemischen Einwirkungen zu ergreifen. Er hat die Maßnahmen so festzulegen, dass die Gefährdungen vermieden oder so weit wie möglich verringert werden. Dies gilt insbesondere bei Tätigkeiten einschließlich Lagerung, bei denen es zu Brand-und Explosionsgefährdungen kommen kann.

(2) Zur Vermeidung von Brand-und Explosionsgefährdungen hat der Arbeitgeber Maßnahmen nach folgender Rangfolge zu ergreifen:

1. *gefährliche Mengen oder Konzentrationen von Gefahrstoffen, die zu Brand-oder Explosionsgefährdungen führen können, sind zu vermeiden,*
2. *Zündquellen oder Bedingungen, die Brände oder Explosionen auslösen können, sind zu vermeiden,*
3. *schädliche Auswirkungen von Bränden oder Explosionen auf die Gesundheit und Sicherheit der Beschäftigten und anderer Personen sind so weit wie möglich zu verringern."*

Hinweis: In Anhang I Nr. 1 GefStoffV zu Brand- und Explosionsgefahren werden Schutzmaßnahmen genannt, die vom Betreiber anzuwenden sind Diese zielen auf die Vermeidung ab, da mit diesem primären Explosionsschutz geringstmögliche Verletzungsgefahren einhergehen.

GefStoffV – Anhang I (zu § 8 Absatz 8, § 11 Absatz 3) „Besondere Vorschriften für bestimmte Gefahrstoffe und.

Tätigkeiten“ – Nr. 1 „Brand- und Explosionsgefährdungen“ führt aus:

„1.2 Grundlegende Anforderungen zum Schutz vor Brand-und Explosionsgefährdungen (2) Die Mengen an Gefahrstoffen sind im Hinblick auf die Brandbelastung, die Brandausbreitung und Explosionsgefährdungen so zu begrenzen, dass die Gefährdung durch Brände und Explosionen so gering wie möglich ist.“

Wichtige Schutzmaßnahmen zur Vermeidung explosionsfähiger Atmosphären sind u. a.:

- Vermeidung oder Minimierung der Verwendung von Stoffen, die explosionsfähige Atmosphären bilden können
- Verhindern oder Einschränken explosionsfähiger Atmosphären im Inneren von Anlagen und Anlagenteilen,
- Vermeidung oder Reduzierung gefährlicher explosionsfähiger Atmosphären in der Umgebung von Anlagen und Anlagenteilen
- Überwachung der Konzentration in der Umgebung von Anlagen oder Anlagenteilen
- Maßnahmen für die Beseitigung von Staubablagerungen in der Umgebung von staubführenden Anlagen und Anlagenteilen oder Behältern

TRGS 722 / TRBS 2152 Teil 2 „Vermeidung oder Einschränkung gefährlicher explosionsfähiger Atmosphäre“ präzisiert die Anforderungen zur Vermeidung oder Einschränkung gefährlicher explosionsfähiger Atmosphären für Tätigkeiten mit Gefahrstoffen, für verwendete Arbeitsmittel und für überwachungsbedürftige Anlagen.

Der nächste Schritt-eine Vermeidung der Atmosphären nicht in Gänze möglich ist-besteht darin, die Zündquellen auszuschließen.

Grundlage hierfür ist eine Analyse möglicher Zündquellen, um dasWirksamwerden dieser Quellen ist zu unterbinden, also Maßnahmen des so genannten sekundären zu erreichen. Zündquellen sind grundsätzlich zu vermeiden. Ansonsten bedarf es entsprechender Maßnahmen, um die Quellen unwirksam zu machen bzw. die Wahrscheinlichkeit des Wirksamwerdens verringern.

Die Wahrscheinlichkeit der Entstehung, des Vorhandenseins, und des Wirksamwerdens von Zündquellen ist in Abhängigkeit zur Wahrscheinlichkeit des Auftretens gefährlicher explosionsfähiger Atmosphären (Zoneneinteilung) zu bewerten:

Je wahrscheinlicher das Auftreten einer gefährlichen explosionsfähigen Atmosphäre ist, desto sicherer muss die Gegenwart von wirksamen Zündquellen vermieden werden.

Zu den wichtigsten Maßnahmen zählen:

- Bereitstellung von passenden Arbeitsmitteln einschließlich der Anlagenteile und Verbindungsvorrichtungen
- adäquate Benutzung der Arbeitsmittel

- adäquate Montage, Installation und adäquater Betrieb überwachungsbedürftiger Anlagen
- Berücksichtigung von Geräten und Arbeitsmitteln, die sich elektrostatisch aufladen können, bei der Zündquellenanalyse

Maßnahmen zur Reduzierung der Auswirkungen einer Explosion auf ein unbedenkliches Maß

GefStoffV – Anhang I (zu § 8 Absatz 8, § 11 Absatz 3) „Besondere Vorschriften für bestimmte Gefahrstoffe und Tätigkeiten" – Nr. 1 „Brand-und Explosionsgefährdungen" hält fest:

„1.6 Mindestvorschriften für den Explosionsschutz bei Tätigkeiten in Bereichen mit gefährlichen explosionsfähigen Gemischen […] (4) Kann eine Explosion nicht sicher verhindert werden, sind Maßnahmen des konstruktiven Explosionsschutzes zu ergreifen, um die Ausbreitung der Explosion zu begrenzen und die Auswirkungen der Explosion auf die Beschäftigten so gering wie möglich zu halten."

TRGS 724 „Gefährliche explosionsfähige Gemische – Maßnahmen Des konstruktiven Explosionsschutzes" bzw. TRBS 2152 Teil 4 „Gefährliche explosionsfähige Atmosphäre – Maßnahmen des konstruktiven Explosionsschutzes, welche die Auswirkung einer Explosion auf ein unbedenkliches Maß beschränken" verfügt über die Maßnahmen des konstruktiven Explosionsschutzes, mit welchem eine Explosion auf ein unbedenkliches Maß reduziert werden kann.

In der folgenden Reihenfolge ist zu arbeiten:

1. Primärer Explosionsschutz (Vermeidung der Bildung gefährlicher explosionsfähiger Atmosphären).
2. Sekundärer Explosionsschutz (Vermeidung von Zündquellen).
3. Tertiärer Explosionsschutz (Reduzierung der Auswirkungen einer Explosion auf ein unbedenkliches Maß).

Diese Reihenfolge ist einzuhalten. Entscheidend sind hier die konstruktiven Herangehensweisen, also die Bauweise und Ausrüstung der Betriebsanlagen. Deshalb spricht man auch vom konstruktiven Explosionsschutz.

Zu diesen Maßnahmen gehören:

- explosionsfeste Bauweise
- Explosionsdruckentlastung
- Explosionsunterdrückung
- explosionstechnische Entkopplung

Schutzmaßnahmen nach Anhang I Nr. 1 GefStoffV

In Nummer 1 Anhang I GefStoffV zu besonderen Vorschriften für bestimmte Gefahrstoffe und Tätigkeiten werden Brandschutz- und Explosionsmaßnahmen vorgeschrieben, die an der Gefährdung durch die Eigenschaften und das Vorhandensein brennbarer Stoffe, Gemische und Erzeugnisse ausgerichtet sind.

Die hier vorgeschriebenen Schutzmaßnahmen und die Mindestvorschriften für Tätigkeiten in explosionsgefährdeten Bereichen sind die nationale Umsetzung der Mindestvorschriften zur Verbesserung der Sicherheit und des Gesundheitsschutzes in explosionsgefährdeten Bereichen des Anhangs II der Richtlinie 1999/92/EG.

In GefStoffV – Anhang I (zu § 8 Absatz 8, § 11 Absatz 3) „Besondere Vorschriften für bestimmte Gefahrstoffe und Tätigkeiten“ – Nr. 1 „Brand-und Explosionsgefährdungen“ ist u. a. zu achten auf:

- grundlegende Anforderungen zum Schutz vor Brand-und Explosionsgefährdungen,
- Schutzmaßnahmen in Arbeitsbereichen mit Brand-und Explosionsgefährdungen,
- organisatorische Maßnahmen,
- Schutzmaßnahmen für die Lagerung,
- Mindestvorschriften für den Explosionsschutz bei Tätigkeiten in Bereichen mit gefährlichen explosionsfähigen Gemischen,
- Zoneneinteilung explosionsgefährdeter Bereiche,
- Mindestvorschriften für Einrichtungen in explosionsgefährdeten Bereichen sowie für Einrichtungen in nichtexplosionsgefährdeten Bereichen, die für den Explosionsschutz in explosionsgefährdeten Bereichen von Relevanz sind.

Zu beachten ist, dass diese Mindestvorschriften eingehalten werden müssen, um die Sicherheit und die Gesundheit der Arbeitskräfte gewährleisten zu können.

Allgemeine Kriterien zum Schutz vor Brand und Explosionen
Sämtliche organisatorischen und technischen Schutzmaßnahmen müssen dem Stand der Technik entsprechen. Daraus ergeben sich grundlegende Anforderungen, wobei die wichtigsten lauten:

- Vermeidung gefährlicher Vermischungen von Gefahrstoffen,
- Zurückhaltung von Gefahrstoffen in Arbeitsmitteln und Anlagen,
- Erfassung und (gefahrlose bzw. risikoarme) Beseitigung von freiwerdenden Gefahrstoffen, die zu Brand-oder Explosionsgefährdungen führen können (Austritts-der Entstehungsstelle beachten),
- Begrenzung von Mengen von Gefahrstoffen in Bezug auf Brandbelastung, Brandausbreitung und Explosionsgefährdungen,
- Schutz gegen unbeabsichtigte Freisetzung von Gefahrstoffen, die zu Brand-oder Explosionsgefährdungen führen können,

- Vermeidung gefährlicher Zustände wie zu hohe / zu niedrige Temperaturen, Über-und Unterdrücke, Überfüllungen oder Korrosionen,
- Unterbrechung der Gefahrstoffströme durch automatische Begrenzungen oder Stillsetzung der Förderung von einem schnell und ungehindert erreichbaren Ort.

Schutzmaßnahmen in Arbeitsbereichen mit Brand-und Explosionsgefährdungen
Gibt es Arbeitsbereiche mit Gefährdungen für Brände oder Explosionen, so muss Sorge getragen werden, dass Brände oder Explosionen auf diese Bereiche beschränkt bleiben. Folgende Schutzmaßnahmen sind angeraten:

- Betretungsverbote für Unbefugte,
- klare Kennzeichnungen der gefährdeten Bereiche,
- Rauchverbote,
- Verbote von offenem Feuer,
- klare Warnungen im Gefahrenfall,
- Flucht- und Rettungswege,
- ausreichend viele Ausgänge,
- ausreichend viele Feuerlöscheinrichtungen,
- ausreichend viele und freie Zuwege für die Brandbekämpfung,
- Prüfung, Wartung und Sicherstellung eines sicheren Betriebszustandes (in allen möglichen Zuständen).

Organisatorische Maßnahmen Brand- und Explosionsschutz umfasstauch die risikoarme bzw. risikobegrenzte Einrichtung von Arbeitsstrukturen zum Schutz von Beschäftigten.

Zu berücksichtigen ist zudem das planbare und gleichermaßen definierte Zusammenwirken von technischen und organisatorischen Explosionsschutzmaßnahmen.Die Arbeitsstrukturen sollten (…) zuverlässig sein.

… den Arbeitskräften unterstützenden Handlungsfreiraum lassen.
… vertraute Schutzmaßnahmen bereithalten.

Organisatorische Maßnahmen umfassen u. a.:

- Betriebsanweisungen
- Informationsblätter
- Weiterbildungen
- Wartung, Reparatur
- ausreichende und regelmäßige Unterweisungen
- Explosionsschutzdokument
- Arbeitsfreigabensysteme
- Regelungen zur Aufsicht

Grundlagen für Schutzmaßnahmen in der Lagerung
Gefahrstoffe dürfen nur an geeigneten Orten gelagert werden. Unsachgemäße Lagerungen stellen mitunter ein großes Risiko dar.

Kriterien für Lagerungen:

- möglichst umfassende Analyse von (möglichen) Lagerorten
- möglichst umfassende Analyse von (möglichen) Lagereinrichtungen
- Priorität von Einzellagerungen, Zusammenlagerung nur, wenn dadurch kein zusätzliches Risiko entsteht (z. B. gefährliche Vermischungen)
- Einhaltung von Schutz- und Sicherheitsabständen

Allgemeine Kriterien bzw. Mindestvorschriften für Tätigkeiten in Bereichen mit gefährlichen explosionsfähigen Gemischen

- Analyse bzw. Erkennen von Explosionsgefährdungen
- Einschätzung der Wahrscheinlichkeiten und der Dauer des Auftretens gefährlicher explosionsfähiger Gemische
- Beurteilung der Wahrscheinlichkeit der Entstehung, des Vorhandenseins und des Wirksamwerdens von Zündquellen
- Berücksichtigung der Risiken von elektrostatischen Entladungen
- Analyse und Auswertung zur Abschätzung zu erwartender Explosionsauswirkungen
- festgelegte Rangfolge der erforderlichen Schutzmaßnahmen
- konstruktiver Explosionsschutz

Achtung: Zoneneinteilung explosionsgefährdeter Bereiche vornehmen!

Aktiver Explosionsschutz

Die gesetzlichen Grundlagen und die organisatorischen Grenzen und Möglichkeiten sind die Basis für den aktiven Explosionsschutz, bei welchem es nicht nur um konkrete Entscheidungen zum Schutz von Gesundheit, Leben und Betrieb geht, sondern auch um die Einbettung des Explosionsschutzes in die Strukturen eines Unternehmens. Folgerichtig widmet sich dieser Teil auf der einen Seite den personalen Verantwortlichkeiten in Unternehmen sowie denExplosionsschutzmaßnahmen, die im Betrieb ergriffen werden. Weiterhin ist eine Betrachtung der Betriebsmittel in explosionsgefährdeten Bereichen erforderlich.

Lernziele

In diesem Kapitel lernen Sie …

- … entscheidungsrelevante Positionen im Unternehmen kennen.
- … verantwortliche Personalien einzuordnen.
- … Betreiberverantwortung zu verstehen.
- … Betriebsmittel in explosionsgefährdeten Bereichen einzuschätzen.
- … die Grundlagen baulicher Explosionsschutzmaßnahmen kennen.
- … die Grundlagen technischer Explosionsschutzmaßnahmen kennen.
- … die Grundlagen organisatorischer Explosionsschutzmaßnahmen kennen.
- … die Grenzen und Möglichkeiten von Instandhaltungsmaßnahmen kennen.
- … wichtige Maßnahmen von Instandhaltungsmaßnahmen kennen.
- … Prüfkonzepte zu erstellen.
- … Prüffristen kennen.

D. Muro und F. Wolter, *Grundlagen Explosionsschutz*,
https://doi.org/10.1007/978-3-658-45435-7_3

Verantwortungsbereiche und relevante Elemente in Unternehmensstrukturen

Die Verantwortungsbereiche ergeben sich aus dem unternehmerischen Handeln. Hierbei unterliegt der Unternehmer bestimmten Pflichten, er hat aber auch entsprechende Rechte. Die Gestaltung der Unternehmensstrukturen muss pflichtbewusst umgesetzt werden. Unternehmenspflichten in Bezug auf den Explosionsschutz sind alle Pflichten, die ein Arbeitgeber im Sinne arbeitsschutzrechtlicher Vorgaben zu erfüllen hat.

Die grundlegende Verantwortung besteht in Auswahl-, Aufsichts- und Kontrollverpflichtungen für den Arbeits- und Gesundheitsschutz.

Der Unternehmer trägt Verantwortung – nicht nur in rechtlicher, sondern auch in moralischer Hinsicht. Gleiches gilt für weitere Verantwortliche, die vom Unternehmer bestellt wurden., Diese Verantwortungen folgen aus der jeweiligen Position im Unternehmen, die mit konkreten Funktionsfeldern, Rollenverständnissen, Befugnissen und Aufgaben korrelieren. Treten Mängel oder manifestierte Versäumnisse bei der Einhaltung von Arbeitsschutzvorschriften auf, haften die Verantwortungsträger nicht nur unternehmensintern, sondern nach Straf-,

Ordnungswidrigkeiten -oder auch Arbeits- und Zivilrecht. Bei vorsätzlichen Verstößen oder Fahrlässigkeiten können folgende Rechtswirkungen resultieren:

- Freiheitsstrafe,
- Geldstrafe,
- Verwarnungen,
- Bußgeld,
- Schadenersatz bzw. Regressforderungen.

Bei besonders schweren Pflichtverletzungen können Behörden den Betrieb für eine bestimmte Zeit unterbrechen. Selbst eine Stilllegung ist möglich. Bei Unfällen oder anderen Schäden kann die zuständige Berufsgenossenschaft bei grober Fahrlässigkeit oder Vorsatz Regress nehmen und geleistete Zahlungen zum Schadenausgleich vom Arbeitgeber zurückfordern. WerdenDritte verletzt,, dürfen sie Schadenersatz fordern. Zu beachten ist auch die Möglichkeit, dass auch der Arbeitgeber eines verantwortlichen Mitarbeiters Schadenersatz fordern kann, wenn dieser grob fahrlässig oder vorsätzlich gehandelt hat.

Verantwortung des Arbeitgebers

Der Arbeitgeber ist in vollem Umfang für sein Unternehmen verantwortlich. Das gilt für den Arbeitsschutz und alle damit zusammenhängenden Rechte und Pflichten. Die Hauptverantwortung liegt bei Unternehmerin bzw. beim Unternehmer.

bzw. Beim Hier sind vier Funktionsfelder relevant:

- Verhütung von Unfällen,
- Gefährdungsbeurteilung,
- Belehrung bzw. Unterweisung von Betroffenen über Gefährdungen,
- Gewährleistung einer geeigneten Organisation.

Die Unternehmerin bzw. der Unternehmer verfügtin seltenen Fällen über alle erforderlichen Qualifikationen oder zeitliche Möglichkeiten. Daher dürfen auch vertretungsberechtigte Personen eingesetzt werden.

ArbSchG – § 13 „Verantwortliche Personen" besagt:
„(1) Verantwortlich für die Erfüllung der sich aus diesem Abschnitt ergebenden Pflichten sind neben dem Arbeitgeber.

1. sein gesetzlicher Vertreter,
2. das vertretungsberechtigte Organ einer juristischen Person,
3. der vertretungsberechtigte Gesellschafter einer Personenhandelsgesellschaft [...]".

Somit ergeben sich die unternehmensbezogene Verantwortungsbereiche. Die Gesamtverantwortung obliegt der jeweiligen gesetzlichen Vertreterin bzw. dem jeweiligen gesetzlichen Vertreter.

Ergänzend hierzu heißt es im Gesetz über Ordnungswidrigkeiten (§ 9 „Handeln für einen anderen" OWiG):

„(1) Handelt jemand

1. als vertretungsberechtigtes Organ einer juristischen Person oder als Mitglied eines solchen Organs,
2. als vertretungsberechtigter Gesellschafter einer rechtsfähigen Personengesellschaft oder
3. als gesetzlicher Vertreter eines anderen,

so ist ein Gesetz, nach dem besondere persönliche Eigenschaften, Verhältnisse oder Umstände (besondere persönliche Merkmale) die Möglichkeit der Ahndung begründen, auch auf den Vertreter anzuwenden, wenn diese Merkmale zwar nicht bei ihm, aber bei dem Vertretenen vorliegen.

[...]".

Arbeitgeberinnen und Arbeitgeber stehen in der Verantwortung, eine adäquate Arbeitsschutzorganisation zu gestalten. Hierzu stehen drei Möglichkeiten zur Verfügung:

- Bereitstellung und Einsatz ausreichender und geeigneter Personen,

- Bereitstellung und Einsatz sachlicher und finanzieller Mittel,
- Kontrolle der Einhaltung aller relevanten Vorschriften.

Überschreitet das Unternehmen eine bestimmte Größe, werden Verantwortungen auch innerhalb der Führungsebene delegiert. Dies ist dann zu erwarten, wenn die Arbeitgeberpflichten derart umfangreich sind, dass die Unternehmerin bzw. der Unternehmer nicht mehr alleine tätig werden können. Trotz dieser fachlichen Unterstellungsbereichen bleiben die grundsätzlichen betrieblichen Hierarchien erhalten.

Es ist insoweit möglich, die gesamte Betriebsführung oder die Führung von Betriebsteilen zu delegieren. Die Führungskräfte erhalten die Arbeitgeberaufgaben als eigene Führungspflichten in ihren Zuständigkeitsbereichen.

Sämtliche Rechte und Pflichten einer Führungskraft (aber auch jeder anderen Arbeitskraft) ergeben sich aus Arbeitsverträgen und lassen sich über Stellenbeschreibungen oder Kompetenzprofile erschließen. Die grundlegenden Pflichten von Führungskräften sind:

- Auswahl von Mitteln oder Personen,
- Organisation,
- Überwachung und Kontrolle

Gesonderte Pflichtenübertragung

Die Aufgaben des Arbeitsschutzes können im Unternehmen sowohl vertikal als auch horizontal übertragen werden. Auf der horizontalen Ebene sind sie spezielle Pflichten innerhalb von Fach- oder Organisationsaufgaben. Sie haben entsprechend ihrer Aufgaben- und Kompetenzbereiche in ihrem jeweiligen Zuständigkeitsbereich erheblichen Einfluss auf die Arbeitsabläufe. Mit der Übertragung von Sachaufgaben, Sachkompetenzen und der Weisungsbefugnis gegenüber den Arbeitskräften ist die Zuständigkeit für die Arbeitssicherheit und Unfallverhütung mit dem übertragenen Aufgabenbereich verbunden. Alle Verantwortlichkeiten im Arbeitsschutz sind Elemente der übertragenen Position und den damit verbundenen Aufgaben.

Die übertragbaren Pflichten der Arbeitssicherheit und des Gesundheitsschutzes sind vor allem:

- Kontrolle von Arbeitsschutzmaßnahmen,
- Veranlassung und Dokumentation von Prüfungen,
- Erstellung von Betriebsanweisungen,
- Durchführung und Dokumentation von Unterweisungen.

Voraussetzung für die Beauftragung ist die jeweils einschlägige Fachkunde, so zum Beispiel die im Arbeitssicherheitsgesetz beschriebenen Qualifikationen.

Folgende Anforderungen sollte die zu beauftragende Person erfüllen:

1. Fachkompetenzen für die Einschätzung, Analyse und Bewertung von Gefährdungen,
2. Fachkompetenzen für die Planung, Kontrolle und Reflexion der Schutzmaßnahmen,
3. praktische Erfahrungen im Beruf,
4. Involvierung ins Betriebsgeschehen,

Soziale Kompetenzen und Selbstkompetenzen sind ebenso zu berücksichtigen. Die Delegation von Pflichten erfordert überdies Entscheidungsfähigkeiten und Handlungsfreiräume. Es gilt daher sicherzustellen, dass die Unternehmensstrukturen so ausgerichtet sind, dass die beauftragte Person selbstständig und beauftragungskonform handeln kann.

Bei der Übertragung von Pflichten stehen die folgenden Aspekte im Vordergrund:

- Art und Umfang aller übertragenen Unternehmerpflichten
- organisatorische, personelle und finanzielle Handlungskompetenzen
- Entscheidungsbefugnisse und Weisungsbefugnisse
- Berührungspunkte zu benachbarten Verantwortungsbereichen
- Kooperation mit weiteren verantwortungstragenden Personen

Jede Pflichtübertragung muss schriftlich vorgenommen werden. Durch die Pflichtenübertragung nimmt die beauftragte Person aufgabenbezogeneRechtsstellung des Unternehmers im Betrieb mit allen damit verbundenen Rechten und Pflichten ein. Gleichzeitig verbleibenKontroll- und Aufsichtspflichten des Unternehmers.

Aufsichtsführende Personen

Unter aufsichtsführenden Personen sind weisungsbefugte Personen zu verstehen, die durch Zuverlässigkeit und Fachkompetenz überzeugen. Sie beaufsichtigen eine arbeitssichere Durchführung von Prozessen und ggfs. Auch Einzeltätigkeiten. Üblicherweise füllen mehrere Personen in einem Arbeitsfeld diese Rolle gleichzeitig aus. Dabei können sich die Tätigkeiten aufgrund der Nähe auf andere Beschäftigte auswirken.

Sind besondere Gefahren gegenwärtig, ist eine gegenseitige Unterrichtung und Abstimmung hinsichtlich der Arbeitsprozesse und Schutzmaßnahmen erforderlich.

Liegen Arbeiten mit einer erhöhten bzw. einer besonderen Gefährdung zugrunde, bedarf es vor Ausführungsbeginn der Gestellung einer einer zuverlässigen aufsichtsführenden Person.

Die aufsichtsführende Person überwacht und beaufsichtigt die arbeitssichere Durchführung der gefährlichen Tätigkeiten. Sie trägt die Verantwortung, für die Einhaltung von Sicherheitsvorschriften und Anweisungen.

Merkmale der aufsichtsführenden Personenim Überblick

- Fachkompetenz
- Weisungsbefugnis
- Präsenz vor Ort
- Überwachungs- und Kontrollfunktion
- Erfahrungen in den jeweiligen Arbeitsbereichen

Verantwortung der Betreiber

Die BetrSichV unterscheidet bei der Verantwortung für eine Anlage den Arbeitgeber und den Betreiber. Ein Betreiber einer Anlage ist eine Person mit Weisungsbefugnis für den Anlagenbetrieb und mit der Verantwortung für die Anlagensicherheit.

Die Betreiberverantwortung unterstützt das Bemühen um die Erfüllung aller Betreiberpflichten. Weil beim Betrieb von Gebäuden und technischen Anlagen sowie bei der Nutzung von Arbeitsstätten und Arbeitsmitteln besondere Gefahren für Sicherheit und Umwelt nicht selten auftreten„handelt es sich um spezielle Pflichten, die über die allgemeinen persönlichen Unternehmenspflichten hinausgehen.

In der Betreiberverantwortung sind drei Kategorien besonders zu würdigen:

- Anlagenbetreiber,
- Anlagenverantwortlicher,
- Contracting.

Anlagenbetreiber

- Anlagenbetreiber oder eine von ihm beauftragte Person
- Unternehmerpflicht für sicheren Betrieb und ordentlichen Zustand der Anlage
- Übergabe von Zuständigkeiten auch für Teilanlagen möglich
- entscheidend ist privatrechtliche Gestaltung des Verhältnisses zwischen Eigentümer und Nutzer der Betriebsanlagen
- relevante Pflichten:
  - Verhinderung schädlicher Rückwirkungen der Anlagen auf Umgebung
  - Vermeidung nachteiliger Einwirkungen von außen auf die Anlagen
  - Erhalt der Anlagen und Betriebsmittel im sicheren Zustand
  - Veranlassung von Inspektionen, Wartungen und Reparaturen

Anlagenverantwortlicher

- Unternehmer können häufignicht alle Pflichten der Betreiberverantwortung erfüllen
- Unternehmer können daher diese Pflichten teilweise auf andere Personen übertragen
- Delegation der Pflichten, damit Betreiberverantwortung mindestens teilweise auf Delegationsempfänger übergeht.
- Anlagenverantwortlicher ist eine natürliche Person
- Übergabe der Betreiberpflichten an Mitarbeiterinnen und Mitarbeiter mit erforderlicher Qualifikation oder an entsprechend quelifizierte Außenstehende
- Anlagen bzw. Anlagenteile dürfen nur einem nur ein Anlagenverantwortlichem zugeordnet werden
- notwendige Anforderungen an Anlageverantwortlichen:
  - Fachkompetenz und Berufserfahrung
  - aktuelles Wissen zu Normen und Vorschriften
  - Kenntnisse über Betriebszustand der Anlage
  - Gefahrenbeurteilung

Contracting

Contracting ist eine vertragliche Kooperationsform, bei der eine Beziehung zwischen Contracting-Nehmer und Contracting-Geber hergestellt besteht. In der Form des Anlagen-Contractings geht es beispielsweise um die Bereitstellung und den Betrieb technischer Anlagen.

Das Contracting umfasst demnach bestimmte Formen einer vertraglich geregelten wirtschaftlichen Zusammenarbeit zwischen Unternehmen.

Der Contractor übernimmt als ein auf den Anlagenbetrieb spezialisiertes Unternehmen von der Planung über die Finanzierung bis hin zur Errichtung und Wartung einer Anlage alle sonst vom Nutzer zu tätigenden Aufgaben.

Der Contracting-Nehmer ist der Auftraggeber und in der Regel der Empfänger der Contracting-Leistung. Der Contractor ist das ausführende Unternehmen. Seine Aufgaben bestehen in Beratung, Planung, Finanzierung und Betrieb der Anlagen innerhalb des vertraglich geregelten Zeitraums.

Es gibt zwei große Contracting-Arten:

- Anlagen-Contracting: Contractor errichtet und betreibt eine Anlage auf eigenes Risiko und mit eigenen finanziellen Mitteln sowie auf Basis langfristiger Verträge mit Kunden. Anlagen sind im Eigentum des Contractors.
- Betriebsführung-Contracting („Technisches Anlagemanagement"): Hier gehört die Anlage dem Contracting-Nehmer. Dieser sorgt für störungsfreien Anlagebetrieb durch Übernahme der Installation, des Betriebes und der Wartung.

Betriebsmittel

Im Sinne des Explosionsschutzes sind alle Maßnahmen zur Minimierung der Risiken zu ergreifen. Es gilt in diesem Kontext zu gewährleisten dass der Arbeitsplatz, die Arbeitsmittel und alle dazugehörigen Verbindungsvorrichtungen so gebaut, errichtet, installiert, gewartet und betrieben werden, dass ein Explosionsrisiko mit hoher Wahrscheinlichkeit ausgeschlossen wird.

Bei explosionsgefährdeten Bereichen ist die Reduzierung bzw. Entfernung von Zündquellen anzustreben. Ansonsten gilt es die Zündquellen unwirksam zu machen bzw. alle Maßnahmen der Minimierung des Zündrisikos zu ergreifen.

Zur Vermeidung einer Entzündung einer gefährlichen explosionsfähigen Atmosphäre sind potenzielle Zündquellen zu identifizieren sowie Maßnahmen gegen die wirksame Entfaltung sicherzustellen.

Zu diesen Maßnahmen gehören v. a. drei Aspekte:

- Bereitstellung von geeigneten Arbeitsmitteln, Anlagenteilen und Verbindungsvorrichtungen sowie von Sicherheits-, Kontroll- und Regelvorrichtungen, die im Hinblick auf den sicheren Betrieb von Geräten und Schutzsystemen für den Einsatz innerhalb und außerhalb explosionsgefährdeter Bereiche geeignet sind.
- Montage, Installation und Betrieb der überwachungsbedürftigen Anlagen, damit Zündquellen nicht wirksam werden.
- bestimmungsgemäße Benutzung der Arbeitsmittel (Verwendung in einer Weise, die vom Hersteller vorgegeben wird und die für den sicheren Betrieb des Geräts, der Komponente oder des Schutzsystems notwendig ist).

Bestimmungsgemäße Verwendung

Hersteller von Geräten, bei denen eine mögliche Zündquelle gegeben sein kann, müssen eine Risikobewertung durchführen. Dabei gilt es, die Schutzmaßnahmen in Relation zur Wahrscheinlichkeit der Bildung explosionsfähiger Atmosphären zu setzen. Dabei erfolgt eine Zweiteilung:

Gerätegruppe I

Diese Gruppe umfasst Geräte zur Verwendung im Bergbau, sowohl in Untertagebetrieben von Bergwerken sowie deren Übertageanlagen, die durch Grubengas und/oder brennbare Stäube gefährdet werden können. Unterschieden wird zwischen den Kategorien M1 und M2:

M1:Bietet ein sehr hohes Maß an Sicherheit durch die Gewährleistung der Gerätesicherheit auch beim Auftreten von zwei unabhängigen Fehlern.

M2: Bietet durch eine Abschaltung beim Auftreten von explosionsfähigen Atmosphären ein hohes Maß an Sicherheit.

Gerätegruppe II

Hierzu zählen alle Geräte zur Verwendung in den Bereichen außerhalb des Bergbaus, die durch eine explosionsfähige Atmosphäre gefährdet werden können.

Geräte dieser Gruppe werden zusätzlich in Abhängigkeit möglicher explosionsfähiger Atmosphären im vorgesehenen Einsatzbereich in zwei Gruppen unterteilt:

G: Einsatz in Gemischen aus Luft und brennbaren Gasen, Nebeln oder Dämpfen.

D: Einsatz in Wolken aus in der Luft enthaltenem brennbarem Staub.

Gerätesicherheit und Gerätezuverlässigkeit

Kann die Bildung einer gefährlichen explosionsfähigen Atmosphäre nicht sicher verhindert werden, muss der Arbeitgeber die Wahrscheinlichkeit des Vorhandenseins, der Aktivierung und des Wirksamwerdens von Zündquellen inklusive elektrostatischer Entladungen beurteilen.

In Abhängigkeit von der Wahrscheinlichkeitdes Auftretens gefährlicher explosionsfähiger Atmosphären (Zoneneinteilung beachten) ist eine Auswahl von Betriebsmittelnzu treffenum Betriebsmittel mit möglichen elektrischen oder mechanischen Zündquellen eingesetzen zu können.

Es ist systematisch vorzugehen:

Je wahrscheinlicher das Auftreten von gefährlichen explosionsfähigen Atmosphären ist, desto sicherer gilt esdie Existenz wirksamer Zündquellen zu vermeiden.

Geräte der Gerätegruppe II werden in drei Kategorien mit jeweils unterschiedlich hohem Sicherheitsniveau eingeteilt.

Die Klassifizierung ergibt sich aus dem verhältnisbezogenen Maß erforderlicher Sicherheit, das innerhalb der Zoneneinteilung gewährleistet werden muss.

Zu den drei Gerätekategorien:

Gerätekategorie I

Hierzu zählen alle Geräte, die konstruktiv „geschützt“ sind, also die grundsätzlich mit den vom Hersteller genannten Kenngrößen betrieben werden können und ein hohes Sicherheitsmaß erhalten bleibt. Geräte dieser Kategorie müssen selbst bei selten auftretenden Gerätestörungen das erforderliche Sicherheitsmaß erhalten Sollte eine apparative Schutzmaßnahme versagen, werden weitere Schutzmaßnahmen wirksam. So können auch zwei voneinander unabhängige Fehler im Sinne des Explosionsschutzes kompensiert werden.

Geräte dieser Kategorie sind zur Verwendung in Bereichen geeignet, in denen eine explosionsfähige Atmosphäre, die aus einem Gemisch von Luft und Gasen, Dämpfen oder Nebeln oder aus Staub/Luft-Gemischen besteht, ständig, langzeitig oder häufig vorhanden ist.

Gerätekategorie II

Diese Geräte sindkonstruktiv so gestaltet, dass sie in Übereinstimmung mit den vom Hersteller angegebenen Kenngrößen betrieben werden können und ein hohes Maß an Sicherheit gewährleisten.

Die apparativen Explosionsschutzmaßnahmen dieser Kategorie bieten selbst bei häufigen Gerätestörungen oder Fehlerzuständen das erforderliche Maß an Sicherheit.

Die Geräte sind zur Verwendung in Bereichen bestimmt, in denen damit zu rechnen ist, dass eine explosionsfähige Atmosphäre aus Gasen, Dämpfen, Nebeln oder Staub/Luft-Gemischen gelegentlich auftritt.

Gerätekategorie III

Geräte dieser Kategorie wiederum sind so gestaltet, dass sie in Übereinstimmung mit den vom Hersteller angegebenen Kenngrößen betrieben werden können und ein normales Maß an Sicherheit gewährleisten. Die Geräte bieten im Normalbetrieb das erforderliche Sicherheitsmaß. Sie sind zur Verwendung in Bereichen bestimmt, in denen nicht damit zu rechnen ist, dass eine explosionsfähige Atmosphäre durch Gase, Dämpfe, Nebel oder aufgewirbelten Staub auftritt,indessen auch in diesen Fällen aller Wahrscheinlichkeit nach nur selten und während eines kurzen Zeitraumes gegenwärtig ist.

Temperaturen an der Oberfläche

Die höchste Oberflächentemperatur eines Betriebsmittels muss immer kleiner sein als die Zündtemperatur der umgebenden Atmosphäre, so die grundlegende Anforderung.

Bei Geräten, deren Oberflächen sich erhitzen können, die herstellerseitig angegebenen Höchst-Oberflächentemperaturen nicht überschritten werden. Dies muss auch, was auch für den denkbar ungünstigsten Fall zutreffen, so zum Beispiel bei einem Wärmestau oder bei chemischen Reaktionen.

Temperaturklassen

Für elektrische Betriebsmittel der Gerätegruppe II in gas- und dampfexplosionsgefährdeten Bereichen sind sogenannte Temperaturklassen (T1 bis T6) relevant.

Explosionsgeschützte Betriebsmittel werden in ihren Oberflächentemperaturen durch Schutzeinrichtungen derart begrenzt, dass die für die Temperaturklasse angegebene höchste Oberflächentemperatur gewährleistet nicht überschritten wird, damit. eine Entzündung des umgebenden Gasgemisches ausbleibt. Die Klassifizierung von Temperaturklassen richtet sich nach der maximalen Oberflächentemperatur der Betriebsmittel. Da die Oberflächentemperatur nicht immer ausschließlich vom Gerät ausgeht, sondern auch von Betriebsbedingungen abhängig ist, gilt es die Hinweise zu den unterschiedlichen Temperaturklassen zu beachten. ist auf die entsprechenden Angaben zu achten, welche unabhängig von Temperaturklassen existieren.

Temperaturklassen im Überblick

T1: 450°C.
T2: 300°C.
T3: 200°C.
T4: 135°C.
T5: 100°C.
T6: 85°C.

Sicherheitsabstand zur kleinsten Zündtemperatur

Die Angabe der maximalen Oberflächentemperatur steht in Relation zum Sicherheitsabstand der kleinsten Zündtemperatur von Stoffen, die in der Temperaturklasse zusammengeführt sind.

Es gelten Zonen:

Zone 0

Hier ist der Einsatz von Betriebsmitteln, deren Oberflächen sich unter allen denkbaren Umständen gefährlich erwärmen können, soweit wie möglich zu vermeiden. Alternativ isteine laufende Überwachung obligatorisch. Eine permanente Prüfung muss zeigen, dass die Oberflächen, die mit explosionsfähigen Atmosphären in Berührung kommen können, 80 % der Zündtemperatur nicht überschreiten.

Zone 1

In dieser Zone ist der Einsatz von Betriebsmitteln erlaubt, deren Oberflächen sich betriebsmäßig und bei häufiger auftretenden Betriebsstörungen auf nicht mehr als 80 % der Zündtemperatur erwärmen können. Eine Überschreitung dieses Wertes bis zur Zündtemperatur ist zulässig, aber nur wenn die Oberflächentemperaturen unter den Betriebsverhältnissen sicher begrenzbar sind.

Zone 2

Hier dürfen Betriebsmittel mit maximalen Oberflächentemperaturen bis zur Zündtemperatur eingesetzt werden. Betriebsübliche Störungen brauchen nicht berücksichtigt zu werden.

Grenztemperaturen bei Staub
Für elektrische Betriebsmittel der Gerätegruppe II gelten in staubexplosionsgefährdeten Bereichen andere Referenzpunkte: Statt der Temperaturklasse wird hier die maximale zulässige Oberflächentemperatur des Betriebsmittels als Temperaturwert in °C angegeben. Dies resultiert aus der notwendigen Einhaltung, eines Sicherheitsabstand zwischen der Oberflächentemperatur und der Zündtemperatur bei Stäuben.

Zu beachten ist: Die maximale Oberflächentemperatur des Betriebsmittels darf die Zündtemperatur einer Staubschicht oder einer Wolke des brennbaren Staubes nicht überschreiten.

Dabei muss die zulässige Oberflächentemperatur des Staubs oder Staubgemischs ermittelt werden.

Hier gibt es allerdings auch eine Alternative: Es stehen Tabellen und Datenbanken zur Verfügung. Wer dennoch die konkreten örtlichen Gegebenheiten ermitteln möchte, dem stehen Fachleute zur Bestimmung der zulässigen Grenztemperatur zur Verfügung.

Besondere Umgebungsbedingungen

Alle Geräte und Schutzsysteme sind so konzipiert, dass sie unter definierten Bedingungen einwandfrei funktionieren. Die Bedingungen der Umgebung sind also vorhersehbar. Da die Umgebungsbedingungen indessen Änderungen mit im Einzelfall extremen Varianzen unterliegen, bedürfen die eingesetzen Geräte und Schutzsysteme einer geprüften Resilienz gegenüber äußeren Umgebungsbedingungen, um das Schutzniveau im Kontext des Explosionsschutzes gewährleisten zu können.

Liegen im Einzelfall besondere Einsatzbedingungen zugrunde, , ist vorab zwischen Betreiber und Hersteller zu klären, ob und inwieweit Zusatzmaßnahmen erforderlich werden können.

Der Schutz gegen das Eindringen von Wasser und Feuchtigkeit wird auf dem Typschild durch IP-Schutzgrade angegeben. Diese fußen auf genormten Prüfbedingungen, die in der Praxis oftmals nicht mit den tatsächlichen Belastungen vergleichbar sind. Daher können zusätzliche konstruktive Schutzmaßnahmen, so zum Beispiel das Anbringen eines Schutzdaches oder die Montage eines Druckausgleichstutzens im Gehäuse, zielführend sein.

Zulassungen und Zertifizierungen

Die EU-Richtlinien gemäß Art. 288 Absatz 3 AEUV (Binnenmarkt-bzw. Harmonisierungsrichtlinien) legen für zahlreiche Produkte Sicherheits- und Gesundheitsanforderungen als Mindeststandards fest. Derartige Standards gelten auch für Geräte und

Schutzsysteme bei bestimmungsgemäßer Verwendung in explosionsgefährdeten Bereichen.

Ein Produkt darf erst in den regulären Verkehr gebracht bzw. in Betrieb genommen werden, sofern es grundlegend bestimmten Anforderungen aller anwendbarer EU-Richtlinien genügt.

Produkte, bei denen mindestens eine EU-Richtlinie Anwendung findet, müssen vorher mit der CE-Kennzeichnung versehen werden.

Mit der CE-Kennzeichnung erklärt der Hersteller, Inverkehrbringer oder EU-Bevollmächtigte gemäß Verordnung (EG) Nr. 765/2008, „dass das Produkt den geltenden Anforderungen genügt, die in den Harmonisierungsrechtsvorschriften der Gemeinschaft über ihre Anbringung festgelegt sind" (Art. 2 Nr. 20) und „dass er die Verantwortung für die Konformität des Produkts mit allen in den einschlägigen Harmonisierungsrechtsvorschriften der Gemeinschaft enthaltenen für deren Anbringung geltenden Anforderungen übernimmt" (Art. 30 Abs. 3).

Die CE-Kennzeichnung und die schriftliche EG-Konformitätserklärung bestätigen die Übereinstimmung des Produktes mit allen relevanten europäischen Vorschriften und dem Bewertungsverfahren, die in den EG-Richtlinien festgelegt sind. Die Kennzeichnung muss bei den Produkten gut sichtbar angebracht sein. Sie muss auch leserlich, unverwechselbar und dauerhaft angebracht sein.

Die Kennzeichnung besteht aus dem CE-Zeichen in einer Mindestgröße von 5 mm in den festgelegten Proportionen sowie dem Firmennamen und Postadresse des Inverkehrbringers.

Je nach Bedarf kann die vierstellige Kennnummer der beteiligten benannten Stelle angegeben werden.

Überdies darf ein Hersteller Geräte und Schutzsysteme zur bestimmungsgemäßen Verwendung in explosionsgefährdeten Bereichen nur dann in den Verkehr bringen„ sofern diese einem der von der Richtlinie 2014/34/EU geforderten Konformitätsbewertungsverfahren unterzogen wurden.

Abhängig von den jeweiligen Gerätekategorien sind zwei Konformitätsbewertungsverfahren festgelegt, die der Hersteller bis zur Anfertigung der EU-bzw. EG-Konformitätserklärung einhalten muss.

EU- bzw. EG-Baumusterprüfung

Für Geräte und Schutzsysteme zur Verwendung in explosionsgefährdeten Bereichen der Kategorie 1 (für die Verwendung in Zone 0 bzw. 20) und für elektrische Betriebsmittel und Verbrennungsmotoren der Kategorie 2 (für die Verwendung in Zone 1 bzw. 21) ist eine EG-Baumusterprüfung und Zertifizierung durch eine benannte Prüfstelle („Notified Body") durchzuführen.

Diese notifizierten Stellen der EU sind staatlich benannte und staatlich überwachte private Prüfstellen (Auditierungs-und Zertifizierungsstellen), die im Staatsauftrag tätig werden, um die Konformitätsbewertung von Herstellern von Industrieerzeugnissen unterschiedlicher Art zu begleiten und zu kontrollieren.

Solche Prüfstellen übernehmen in Fällen, bei denen die Einschaltung einer neutralen Stelle erforderlich ist, die in den Richtlinien bzw. Verordnungen der EU genannten Aufgaben im Zusammenhang mit den Konformitätsbewertungsverfahren. Im Zentrum steht die Konformitätsbewertung von Produkten des freien Warenverkehrs, wenn dies für das betreffende Produkt gemäß den EU-Richtlinien vorgesehen ist.

Der Hersteller reicht vor einer Inverkehrbringung eines Gerätes einen Antrag auf Baumusterprüfung ein und stellt ein sogenanntes Baumuster des zu prüfenden Produktes zur Verfügung.

Die Baumusterprüfung ist ein Verfahren, bei dem eine benannte Prüfstelle feststellt, ob und inwieweitein repräsentatives Muster eines Gerätes (Baumuster), die grundlegenden Anforderungen sämtlicher anwendbarer EU-Richtlinien erfüllt.

Die Prüfstelle untersucht, ob das Baumuster in Übereinstimmung hergestellt wurde und stellt fest, welche Bauteile nach den Bestimmungen der zutreffenden harmonisierten Europäischen Normen (hEN) konstruiert sind. Sie führt die Prüfungen, Messungen und Versuche durch, um festzustellen, ob die gewählten Lösungen die grundlegenden Anforderungen erfüllen. Wenn Entspricht das Baumuster den Bestimmungen der Richtlinie 2014/34/EU, stellt die verantwortliche Stelle eine Baumusterprüfbescheinigung aus.

Diese enthält:

- Namen und Anschrift des Herstellers,
- Angaben, die für die Identifizierung des zugelassenen Baumusters erforderlich sind,
- Prüfungsergebnisse,
- Voraussetzungen für die Gültigkeit der Bescheinigung.

Die Prüfstelle bescheinigt dem Hersteller und den zuständigen Überwachungsbehörden die Einhaltung der in der Richtlinie 2014/34/EU festgelegten Anforderungen an die Produktbeschaffenheit und an die Beachtung der vorgeschriebenen Konformitätsbewertungsverfahren.

Der Hersteller wiederum stellt basierend auf der erteilten Baumusterprüfbescheinigung eine Konformitätserklärung aus, die Bestandteil des Lieferumfangs des Produktes ist.

Das Produkt erhält ein CE-Kennzeichen sowie dievierstellige Kennnummer der Prüfstelle, um die Einhaltung der gesetzlichen Mindestanforderungen unddie Überprüfung durch unabhängige Stellen zu dokumentieren.

EU-bzw. EG-Konformitätserklärung

DieseErklärungen zeigen das Inverkehrbringen vonsonstigen nichtelektrischen Betriebsmitteln und Betriebsmittel der Kategorie 3 innerhalb der Europäischen Union an, bei denen für die gemäß Richtlinie 2014/34/EU keine Baumusterprüfung ansteht.

Mit der EU-bzw. EG-Konformitätserklärung bestätigt der Inverkehrbringer, dass ein von ihm in Verkehr gebrachtes Produkt den grundlegenden Gesundheits- und Sicherheitsanforderungen aller relevanten europäischen Richtlinien entspricht. Die Bezugnahme auf „EU“ und „EG“ basiert auf der Umbenennung aus dem Jahre 2011, als die Europäische Gemeinschaft (EG) zur „Europäischen Union“ (EU) wurde. Der bis dahin als EG-Konformitätserklärung bezeichnete Hinweis gilt ab diesem Zeitpunkt als EU- Konformitätserklärung. Entscheidend ist die Zäsur des Jahres 2011: Konformitätserklärungen, die nach gültigen, jedoch vor diesem Jahr veröffentlichten Richtlinien erstellt werden, müssen als EG-Konformitätserklärungen bezeichnet werden. Sie haben dieselbe Gültigkeit wie die Erklärungen der neuen Begrifflichkeit.

Wichtige Punkte im Überblick

- Eigenverantwortung des Herstellers für Prüfung auf Richtlinienkonformität (2014/34/EU) und Dokumentation
- Hersteller stellt Konformitätserklärung aus und bestätigt Sicherheit
- Amtssprachen der EU einhalten
- Konformitätserklärung jedem ausgelieferten Produkt beilegen
- Bereitstellung der Erklärung für Aufsichtsbehörden bzw. Anforderungen durch solche Einrichtungen
- Produkt bekommt CE-Zeichen ohne Nummer einer benannten Stelle

Betriebsanleitungen und Kennzeichnungen

Betriebsanleitungen sind Teil der Gerätedokumentation und müssen nicht nur bei vollständigen Geräten vorliegen, sondern auch bei Baugruppen, die erst an der Montagestelle zusammengefügt werden. Eine Betriebsanleitung sollte folgende Merkmale beinhalten:

- Angaben zur Inbetriebnahme,
- Angaben zur Wartung,
- Angaben zur Inspektion,
- Angaben zur Inbetriebnahme,
- Angaben zu den Möglichkeiten der Überprüfung aller Funktionen,
- Pläne Schemata,
- Reparaturhinweise,
- Schutzhinweise,
- weitere Angaben zur Bedienung und Sicherheit.

Unabhängig von Betriebsanleitungen sind an jedem Gerät gemäß der Richtlinie 2014/34/EU Kennzeichnungen bezugnehmend auf bestimmte Mindestangaben sowie die vorgesehenen Kennzeichnungen der angewandten Normen für die Zündschutzart deutlich und „unauslöschbar“ anzubringen:

- Hersteller, eingetragener Handelsname oder eingetragene Handelsmarke und Anschrift des Herstellers, der das Betriebsmittel in Verkehr gebracht hat,
- Bezeichnung des Gerätes und Schutzsystems, Bezeichnung der Serie und des Typs, ggf. die Chargen-oder Seriennummer und das Baujahr, nach der es eindeutig zu identifizieren ist.

Zusätzlich zu den üblichen Daten (Hersteller, Typ, Seriennummer, elektrische Daten) sind die den Explosionsschutz betreffenden Daten in die Kennzeichnung aufzunehmen:

- CE-Kennzeichen (mind. 5 mm hoch) und ggf. Kennnummer der benannten Stelle für die Überwachung der Qualitätssicherung,
- Explosionsschutzkennzeichen („Ex-Hexagon“),
- Gerätegruppe und Kategorie,
- Zündschutzart, Explosionsgruppe, Temperaturklasse,
- Prüfstelle und Registrierungsnummer der Bescheinigung bei der Prüfstelle
- Ergänzungen nach Anwendungsnorm, wenn Bedarf auch alle für die Sicherheit bei der Verwendung unabdingbaren Hinweise

Bauliche Maßnahmen

Bauliche Maßnahmen zum Explosionsschutz können in zweifacher Wirkung funktionieren:

1. Begrenzung von Explosionsgefährdungen,
2. Reduzierung der Auswirkungen von Explosionen auf die Umgebung

Anforderungen an bauliche Anlagen mit Explosionsgefahr

Das wichtigste Ziel baulicher Explosionsschutzmaßnahmen besteht darin, die Übertragung von Bränden, Explosionen oder deren Auswirkungen auf benachbarte Bereiche zu vermeiden oder zu minimieren. Dies gilt für alle Arbeitsfelder mit Explosions- oder Brandgefährdungen. Wichtig ist hierbei die Bezugnahme auf das Risiko der Bildung explosionsfähiger Atmosphären.

Zu den Räumen mit Explosions- oder erhöhter Brandgefahr gehören nach § 29 Abs. 2 Nr. 2 (2) MBO beispielsweise Lager für brennbare Flüssigkeiten, Spritzlackierräume, Lackfabriken, Holzverarbeitungsbetriebe oder Tankstellen.

Sonderbauten besonderer Art oder Nutzung sind gemäß § 2 Abs. 4 Nr. 19 MBO alle baulichen Anlagen, deren Nutzung durch Umgang oder Lagerung von Stoffen mit Explosions- oder erhöhter Brandgefahr verbunden ist. Diese Einstufung ist in bei Genehmigungen richtungsweisend An Sonderbauten können nach § 51 MBO zur Umsetzung der allgemeinen Anforderungen nach § 3 Abs. 1 MBO besondere Anforderungen zu Anordnung, Errichtung, Änderung und Instandhaltung gestellt werden, um die öffentliche Sicherheit und Ordnung, Gesundheit und die natürlichen Lebensgrundlagen aufrechtzuerhalten.

Zusätzliche Anforderungen betreffen v. a. die folgenden Bereiche:

- Bauart,
- Anordnung von Bauteilen.
- Baustoffauswahl,
- Brandschutz,
- Löschwasserrückhaltung,
- Beschaffenheit und Anordnung von Treppen, Treppenräumen, Fluren, Ausgängen und sonstigen Rettungswegen,
- Umfang, Inhalt und Zahl besonderer Bauvorlagen,
- Brandschutzkonzept.

Raumanordnung

Bei der Anordnung der Arbeitsräume ist darauf zu achten, dass Abläufe aus Räumen der Umgebung des Areals der Brand- oder Explosionsgefährdung nicht in dieses Areal hineinwirken können. Eine gefährliche Beeinflussung muss ausbleiben. Daher ist es am einfachsten, die Räume strikt zu trennen. Eine klassische Differenzierung besteht im Dualismus zwischen gefährdeten und nichtgefährdeten Betriebsbereichen.

Wände und Abstandsflächen sind die häufigsten baulichen Maßnahmen in dieser Kategorie.

Trennwände

Neben einer Trennung von Nutzeinheiten können auch einzelne Räume brandschutztechnisch abgegrenzt werden. Die bauliche Abtrennung erfolgt mittels Trennwänden. Zur Trennung zwischen Räumen ohne und mit Explosions oder erhöhter Brandgefahr müssen Trennwände von Räumen oder Nutzungseinheiten innerhalb von Geschossen ausreichend lange widerstandsfähig gegen eine Brandausbreitung sein (§ 29 Absatz 3 Satz 2 MBO: „feuerbeständig“).

Richtmaß sind diesbezüglich 90 min: Trennwände müssen fähig sein, für die Dauer von mindestens 90 min ihre Funktionen zu erfüllen. Mindestens sollen so die Tragfähigkeit und der Raumabschluss erhalten bleiben.

Die Trennwände sind raumabschließende Bauteile und werden bis zur Rohdecke bzw. bis unter die Dachhaut errichtet.

Werden in Dachräumen die dort erbauten Trennwände nur bis zur Rohdecke geführt, ist diese Decke als raumabschließendes Bauteil einschließlich der sie tragenden und aussteifenden Bauteile feuerhemmend herzustellen.

Ein Spezialfall sind Öffnungen in Trennwänden. Diese sind nur zulässig, wenn sie auf die für die Nutzung erforderliche Zahl und Größe beschränkt sind. Öffnungen in raumabschließenden feuerwiderstandsfähigen Wänden, an die brandschutztechnische Anforderungen gestellt werden, sind gegen eine Übertragung von Feuer und Rauch zu sichern. Für die Öffnungen gilt das gleiche Prinzip wie für die sie umschließenden Wände: Es gilt, eine optimale Abschottung sicherzustellen, um im Brand- oder Explosionsfall die Risiken des Umfeldes der betroffenen Räume zu minimieren.

Selbstschließende Verschlüsse, die den Durchtritt von Feuer und Rauch durch Öffnungen verhindern, müssen über eine bestimmte Feuerwiderstandsdauer verfügen. Hier sind dieDIN 4102-5 (national) bzw. DIN EN 13.501-2 (europäisch) einschlägig.

Außerdem ist nach DIN 18095 (national) bzw. DIN EN 13.501-2 (europäisch) auf eine bestimmte Dichtigkeit zu achten.

§ 29 Absatz 5 MBO besagt überdies, dass alle Öffnungen in Trennwänden von Räumen mit Explosions- oder erhöhter Brandgefahr über feuerhemmende, dicht- und selbstschließende Abschlüsse verfügen müssen.

Bei baulichen Maßnahmen ist zudem auf Dichtigkeit zu achten: Die Räumlichkeiten müssen gasdicht konstruiert sein.

Gasdichte Abtrennungen sind jene, die einen Gasdurchtritt unter atmosphärischen Bedingungen in Gefahr drohender Menge oder Konzentration verhindern. Hierzu gehören z. B. öffnungslose

- Stahlbetonwände,
- Ziegelsteinwände, die mindestens auf der Seite der ortsfesten Druckanlage für Gase verputzt oder beidseitig verfugt sind,
- vergleichbar dichte Faserzementwände oder
- dicht verschweißte Blechwände.

Durchbrüche oder Kanäle für Kabel, Rohre, Behälter usw. sind so abzudichten (abzuschotten), dass die Ausbreitung von Gasen und brennbaren Flüssigkeiten bzw. deren Dämpfen sowie von Stäuben verhindert wird. Es ist ebenso darauf zu achten, dass Kanaleinläufe (z. B. Fußbodenentwässerung) in explosionsgefährdeten Bereichen mit einem Siphon ausgerüstet werden müssen. Diese Abtrennungen müssen nicht gegen Brand- oder Druckbeanspruchungen aus Explosionen ausgelegt sein.

Schutzabstände und Schutzstreifen

Die in einer explosionsfähigen Atmosphäre sich ausbreitenden Flammen können ein Volumen einnehmen, das etwa zehnmal so groß ist wie das der explosionsfähigen Atmosphäre vor ihrer Entzündung. Es drohen sich Flammerscheinungen (Stichflammen) zu bilden, die zur ganz erheblich zur exponentiellen Brandausbreitung beizutragen vermögen. Ferner sind sie mitunter die Ursache schwerer und mithin tödlicher Brandverletzungen.

Durch eine Explosion können auch Schäden in der Umgebung entstehen, durch die wiederum brennbare oder andere gefährliche Stoffe freigesetzt und ggf. entzündet werden.

Kanneine Explosion nicht sicher verhindert werden, müssen Maßnahmen ergriffen werden, um die Ausbreitung der Explosion zu begrenzen und um auch die Folgen auf die Arbeitskräfte so gering wie möglich zu halten.

Auf Basis einer Gefährdungsbeurteilung sind für explosionsgefährdeten Anlagen Schutz- und Sicherheitsabstände auszuweisen. Der Schutzbereich darf sich nicht auf Nachbargrundstücke oder öffentliche Verkehrsflächen erstrecken.

Sicherheitsabstände und Schutzabstände

Einrichtungen, Gebäude und Anlagen, in denen oder bei denen sich dauernd oder regelmäßig Beschäftigte oder andere Personen aufhalten sind sogenannte Schutzobjekte. Für deren Schutz müssen nicht die gleichen Vorsorgemaßnahmen getroffen werden wie für Beschäftigte, die im Bereich der ortsfesten Druckanlage für Gase tätig sein.

Mit Schutzabständen zu benachbarten Anlagen, Einrichtungen, Gebäuden und öffentlichen Verkehrswegen soll die explosionsgefährdete Anlage gegen Zündgefahren durch Zündquellen von außen sowie vor einem Schadenereignis wie Erwärmung infolge von Brandbelastung oder mechanischer Beschädigung geschützt werden.

Beispielsweise dürfen demgemäß innerhalb des ausgewiesenen Schutzabstandes keine Stoffe gelagert werden, die zur Entstehung und Ausbreitung eines Brandes führen. Die Breite und weitere Anforderungen an den Schutzstreifen sind in Nr. 9.2 TRGS 509 bzw. Anlage 5 Nr. 4 TRGS 510 beschrieben.

Schutzwände

Ausreichend hohe, öffnungslose Schutzwände aus nichtbrennbaren Baustoffen können aufgestellt werden, um den Schutzbereich einzuengen. Eine Gebäudeabschlusswand kann diese Funktion übernhemen, sofern sieim Schutzbereich öffnungslos ist.

Um im Freien die natürliche Umlüftung zu erhalten, darf es eine Einschränkung nur an einer oder zwei Seiten geben. Bei Einschränkungen an mehr als zwei Seiten bedarf es ergänzender Lüftungsmaßnahmen.

Fußböden mit ableitenden Funktionen

Ableitungsfußböden dienen der Vermeidung von gefährlichen Aufladungen. Um die Wahrscheinlichkeit von solchen Aufladungen in explosionsgefährdeten Bereichen zu reduzieren, müssen Personen (also die Bekleidung und Ausrüstung dieser Personen), Gegenstände und

Einrichtungen aus leitfähigem bzw. ableitfähigem Material geerdet bzw. mit Erdkontakt verbunden sein.

Dies gilt auch für leitfähige oder ableitfähige Medien wie z. B. Flüssigkeiten oder Schüttgüter. Fußböden in explosionsgefährdeten Bereichen müssen deshalb so ausgeführt sein, dass sich Personen beim Tragen ableitfähiger Schuhe nicht gefährlich aufladen. Außerdem gilt in explosionsgefährdeten Bereichen der Zonen 0, 1, 20 und in Zone 21 bei Stäuben mit MZE $\leq$ 10 mJ die Notwendigkeit für ableitfähige Fußböden.

Verschmutzungen bzw. ungewollte Isolierung (z. B. abgelegte Folien oder Leergut) sind zu vermeiden.

Ein Fußboden gilt generell als ableitfähig, wenn sein Ableitwiderstand 108 Ω (Ohm) unterschreitet.

Praxishinweis

Bei geklebten Fußbodenbelägen ist auf die ausreichende Leitfähigkeit der verwendeten Klebstoffe zu achten. Auch durch Fußbodenpflegemittel darf der Widerstand nicht erhöht werden.

Flucht- und Rettungswege

Flucht- und Rettungswege erfüllen zwei Funktionen: Sie sind Wege zur Flucht aus gefährdeten Bereichen und sie sind Wege zur Rettung in gefährdeten Bereichen. Beschäftigte müssen jederzeit die Möglichkeit haben, bei unmittelbarer Gefahr vom Arbeitsplatz zu flüchten. Das sofortige Verlassen dient der Sicherheit.

Arbeitsbereiche, bei denen Brand- oder Explosionsgefährdungen gegenwärtig sind, benötigen ausreichend viele Flucht- und Rettungswege einschließlich dazugehöriger Ausgänge. Die gesamte Flucht- und Rettungsanlage muss so gestaltet sein, dass sie im Gefahrenfall sofort und ungehindert genutzt werden kann.

Rettungswege

§ 14 MBO bestimmt Rettungswege zur Selbstrettung und als Angriffswege für die Rettungskräfte zur Rettung von Menschen sowie für die Bekämpfung eines Brandes innerhalb eines Gebäudes. Die Bauordnungen der Bundesländer (LBO) legen die Anforderungen an die Anzahl und die Beschaffenheit von zwei voneinander unabhängigen Rettungswegen für jede Nutzungseinheit mit Aufenthaltsräumen, die nicht nur zum vorübergehenden Aufenthalt von Menschen bestimmt oder geeignet sind, fest.

Für solche Nutzungseinheiten müssen in jedem Geschoss des Betriebsgebäudes mindestens zwei voneinander unabhängige Rettungswege ins Freie errichtet werden. Dabei dürfen die Rettungswege innerhalb des Geschosses über denselben notwendigen Flur verlaufen.

Liegtdie Nutzungseinheit nicht zu ebener Erde, muss der erste Rettungsweg über eine Treppe führen. Der zweite Rettungsweg kann eine weitere notwendige Treppe oder eine mit Rettungsgeräten der Feuerwehr erreichbare Stelle der Nutzungseinheit sein.

Addendum

In Soderbauten nach § 2 Abs. 4 Nr. 19 MBO, deren Nutzung durch Umgang oder Lagerung von Stoffen mit Explosions- oder erhöhter Brandgefahr verbunden ist, darf der zweite Rettungsweg über Rettungsgeräte der Feuerwehr nur zulässig sein, wenn keine Risiken hinsichtlich der Personenrettung bestehen. Solche zweiten Rettungswege über Rettungsgeräte der Feuerwehr stehen erst nach verstrichener Anmarsch-und Rüstzeit zur Verfügung.

Fluchtwege

DieseiWege dienen primär der Flucht. Es handelt sich um Verkehrswege, die ins Freie oder in einen gesicherten Bereich führen und so die Flucht aus einem möglichen Gefährdungsbereich und damit auch der Rettung von Personen dienen.

Im Sinne des Bauordnungsrechts sind Fluchtwege auchRettungswege, sofern sie selbstständig begangen werden können. An Fluchtwege und Notausgänge in Gebäuden und vergleichbaren Einrichtungen, zu denen Beschäftigte im Rahmen ihrer Arbeit Zugang haben, stellt die Arbeitsstättenregel ASR A2.3 „Sicherheits- und Gesundheitsschutzkennzeichnung“ besondere Anforderungen. Daraus ergeben sich spezifische Anforderungen an Fluchtwege und Notausgänge.

Fluchtweg I und Fluchtweg II

Den ersten Fluchtweg bilden

- für die Flucht erforderliche Verkehrswege und Türen,
- nach dem Bauordnungsrecht notwendige Flure und Treppenräume für notwendige Treppen sowie
- Notausgänge.

Die Notwendigkeit für einen zweiten Fluchtweg ergibt sich zunächst aus dem einschlägigen Baurecht, dem wiederum durch die Baugenehmigung für eine konkrete Objektnutzung anwendungsorientierter Nachdruck verliehen wird. Eine Gefährdungsbeurteilung und die formulierten Aspekte des Einzelfalls in Bezug auf den Aufenthaltsort bzw. Arbeitsplatz und die darin relevanten Verhältnisse, z. B. einer erhöhten Brand-oder Explosionsgefahr ergänzen diesbezüglich. Dererster und der zweite Fluchtweg dürfen innerhalb eines Geschosses über denselben Flur zu Notausgängen führen.

Länge der Fluchtwege

Fluchtwege sind anzuordnen in Abhängigkeit von vorhandenen Gefährdungen, den damit gemäß Punkt 5 ASR A2.3 verbundenen maximal zulässigen Fluchtweglängen sowie von der Lage und Größe des Raumes.

Grundlegend gilt: Fluchtwege sollten so kurz wie möglich verlaufen.
Für explosionsgefährdete Räume darf eine Länge von 20 m nicht überschritten werden. Gesicherte Bereiche sind zu integrieren. Als ein gesicherter Bereich gilt ein Bereich, in dem Menschen vorübergehend vor einer unmittelbaren Gefahr für Leben und Gesundheit geschützt sind. Das können beispielsweise benachbarte Brandabschnitte oder notwendige Treppenräume sein. Die tatsächliche Laufweglänge darf jedoch nicht mehr als das 1,5-fache der Fluchtweglänge betragen.

Zu achten ist auf Sonderfälle, in denen die Vorgaben des Bauordnungsrechts nicht greifen, wenn es sich bei einem Fluchtweg auch um einen Rettungsweg handelt und das Bauordnungsrecht der Länder für diesen Weg eine abweichende längere Weglänge zulässt.

ASR A2.3 gilt nicht für:

- Einrichtung und Betrieb von nicht allseits umschlossenen und im Freien liegenden Arbeitsstätten und Bereichen in Gebäuden,
- Einrichtung und Betrieb von vergleichbaren Einrichtungen, in denen sich Beschäftigte nur im Falle von Instandhaltungsarbeiten (Wartung, Inspektion, Instandsetzung oder Verbesserung der Arbeitsstätten zum Erhalt des baulichen und technischen Zustandes) aufhalten müssen.

Wenn im individuellen Fall vergleichbare Verhältnisse vorliegen, können auch in diesen vom Anwendungsbereich ausgenommenen Bereichen die entsprechenden Regelungen der Arbeitsstättenregel angewendet werden. Andernfalls sind spezifische Maßnahmen notwendig, um die erforderliche Sicherheit für die Arbeitskräfte im Gefahrenfall zu gewährleisten.

Kennzeichnung von Fluchtwegen

Dieute Erkennbarkeit für Fluchtwege ist sicherzustellen. Diese Erkennbarkeit muss dauerhaft gewährleistet werden. ASR A1.3 gibt die Vorgaben zur Kenntlichmachung an.

Wichtig: Die Kennzeichnung ist im Verlauf des Fluchtweges stets an gut einsehbaren Stellen und innerhalb der Erkennungsweite anzubringen. Sie muss die Richtung des Fluchtweges anzeigen.

Für Arbeitsstätten, in denen gemäß der Gefährdungsbeurteilung besondere Gefährdungen auftreten können, oder aufgrund der örtlichen Gegebenheiten sowie der Nutzungsart mit komplizierten Bedingungen im Gefahrenfall zu rechnen ist, ist gilt es zusätzliche Anforderungen (auch aus weiteren Rechtsgebieten) zu prüfen. So sind beispielsweisezusätzliche Anforderungen nach § 10 Arbeitsschutzgesetz in Erwägung zu ziehen. Hierzu zählen beispielsweise die Aufstellung betrieblicher Alarm- und Gefahrenabwehrpläne oder die Erstellung von Brandschutzordnungen undRäumungsplänen.

Sicherheitsbeleuchtung

Eine Sicherheitsbeleuchtung dient der Beleuchtung im Gefahrenfall. Sie dient der Sicherstellung, dass bei Ausfall der allgemeinen Stromversorgung die Beleuchtung unverzüglich und automatisch ermöglicht wird.

Maßgebend ist ASR A3.4/7 für die Anforderungen an das Einrichten und Betreiben der Sicherheitsbeleuchtung und optischer Sicherheitsleitsysteme in Arbeitsstätten.

Sicherheitsbeleuchtung ist zu unterscheiden nach ihrem Einsatzort:

1. Beleuchtung für Rettungswege,
2. Beleuchtung für Arbeitsplätze mit besonderer Gefährdung.

Zur Sicherheitsbeleuchtung für Rettungswege
Fällt die allgemeine Beleuchtung aus bietet die Sicherheitsbeleuchtung trotz Ausfall eine Mindestbeleuchtung. Diese ermöglicht das Auffinden der Fluchtwege im Notfall.

Sie zeigt den Weg zum (Not-) Ausgang, beleuchtet den Flucht- und Rettungsweg und ermöglicht die Erkennung von Hindernissen sowie von Niveauunterschieden wie zum Beispiel Treppenstufen. Sie kennzeichnet außerdem Erste-Hilfe-Stellen sowie Brandbekämpfungs- und Meldeeinrichtungen.

Fluchtwege mit einer Sicherheitsbeleuchtung dienen dem möglichst gefahrlosen Verlassen der Arbeitsstätte. Unter welchen Bedingungen eine Sicherheitsbeleuchtung für erste und zweite Fluchtwege erforderlich ist, regelt ASR A2.3 unter Punkt 8.

Zur Sicherheitsbeleuchtung für Arbeitsplätze mit besonderer Gefährdung
Eine Sicherheitsbeleuchtung für Arbeitsplätze ist erforderlich, sofern Beschäftigte einen laufenden Prozess beenden oder unterbrechen müssen, um eine akute Gefährdung für sich selbst und von Dritten zu verhindern.

Solche akuten Gefährdungen können Explosionen sowie das Freisetzen von explosionsfähigen Stoffen in Gefahr bringender Menge sein.

Wichtig: Die Sicherheitsbeleuchtung ist nicht für die Fortsetzung der normalen Tätigkeit bei Ausfall der Energieversorgung vorgesehen Sie soll es möglich machen, Steuereinrichtungen für ständig zu überwachende Anlagen weiterhin sicher bedienen zu können, um Produktionsprozesse gefahrlos zu unterbrechen bzw. zu beenden.

Blitzschutz und Explosionsgefahr

In den Bauordnungen der Bundesländer und in den geltenden gesetzlichen und behördlichen Vorschriften und Ausführungsrichtlinien werden für bestimmte Gebäude zur Gewährleistung der öffentlichen Sicherheit Blitzschutzanlagen gefordert.

Dabei wird in § 46 MBO auf eine dauerhafte Blitzschutzanlage unter Rücksicht auf Lage, Bauart, Nutzung und schwere Folgen verwiesen. Schutzmaßnahmen gegen Blitz und Überspannung sind auch für bestimmte Anlagen geboten, um u. a. deren Funktionstüchtigkeit zu gewährleisten, deren Verfügbarkeit zu erhöhen, Datenverlust zu vermeiden oder den Brandschutz zu unterstützen.

Grundsätzlich gilt: Anlagen sind durch geeignete Blitzschutzmaßnahmen zu schützen, wenn Gefahren durch Blitzeinschlag zu erwarten sind.

Bei den Zonen 2 und 22 sind Blitzschutzanlagen nicht erforderlich, weil hier die Wahrscheinlichkeit für das Zusammentreffen eines Blitzes mit dem Auftreten von gefährlichen explosionsfähigen Atmosphären als äußerst gering gilt.

Der Begriff „Blitzschlag" ist dabei stets streng definiert als das Eindringen eines Blitzes in einen Stromleiter, der zur Erde führt. Ein Blitzschlag kann durch einen direkten Einschlag oder durch die Auswirkungen eines Einschlages in größerer Entfernung eine explosionsfähige Atmosphäre entzünden.

Ein Blitzschutzsystem ist zu verstehen als eine Schutzeinrichtung einer baulichen Anlage und all ihrer Inhalte, die dazu dienen, Beschädigungen durch einen Blitzschlag oder dessen Auswirkungen und Folgen zu verringern oder ganz zu vermeiden.

Diese Definition kann angelegt werden auf innere und äußere Systeme. Explosionsgefährdete Bereiche erfordern meistens einen inneren und einen äußeren Blitzschutz.

Das Schutzkonzept sollte abgestimmt werden zwischen

- dem Architekten,
- dem Fachplaner (z. B. EMV-Sachkundiger),
- der ausführenden Elektro- und Blitzschutzfachkraft,
- dem Bauherrn und/oder Betreiber der Anlagen.

Bei Bedarf:

- die Schadenverhütungsabteilung der Versicherung,
- der Energienetzbetreiber,
- die Gerätehersteller und
- Hersteller der Ableiter.

Zu beachten ist, dass Planung und Dokumentation des Blitzschutzsystems im Explosionsschutzdokument berücksichtigt werden müssen.

In der Planungsphase von baulichen und elektrischen Anlagen muss der Schutz gegen alle erdenklichen Auswirkungen von Blitzen und Überspannungen bedacht werden (Anforderungen siehe z. B. LBOs und DIN VDE 0100-443). Bei der technischen Ausführung sind die Anforderungen an Blitz- und Überspannungsschutzmaßnahmen in explosionsgefährdeten Bereichen anzuwenden nach mehreren Richtlinien:

- anerkannte Regeln der Technik,
- DIN EN 62.305 (VDE 0185-305),
- Gefahrstoff- und Betriebssicherheitsverordnung,
- TRBS 2152 Teil 3.

Bei einem Gebäude mit einer äußeren Blitzschutzanlage muss in oder vor der Hauptverteilung ein Überspannungsschutzgerät vom Typ 1 (Grobschutzgerät) eingesetzt werden. Weitere Schutzgeräte der Typen 2 und 3 werden in Unterverteilungen und direkt am Endgerät (Feinschutz) zur Anwendung gebracht.

Äußerer Blitzschutz

Als äußerer Blitzschutz sind alle Maßnahmen zu verstehen, die geeignet sind, um eine bauliche Anlage gegen die Auswirkungen eines Blitzschlages zu schützen.

Der äußere Blitzschutz bietet Schutz bei Blitzeinschlägen, die direkt in die zu schützende Anlage erfolgen. Die Funktionen des äußeren Blitzschutzes sind:

- Auffangen von Direkteinschlägen mit einer Fangeinrichtung,
- sicheres Ableiten des Blitzstromes zur Erde mit einer Ableitungseinrichtung,
- Verteilung des Blitzstromes in der Erde über eine Erdungsanlage.

Er besteht aus Fangeinrichtungen, Ableitungsanlage und Erdungsanlage.

Kommt es zu einem Blitzeinschlag in einer explosionsfähigen Atmosphäre, wird diese durch den Blitz unmittelbar entzündet. Die resultierende starke Erwärmung der Ableitweges des Blitzes führt zu einer Zündgefahr. Schädliche.

Einwirkungen auf die Zonen 0 und 20 von Blitzen, die außerhalb dieser Zonen einschlagen, sind zu verhindern. Durch den Einbau von Überspannungsableitern an geeigneten Stellen, also außerhalb explosionsgefährdeter Bereiche, lässt sich den Zündgefahren entgegenwirken.

Blitzableiter

Der Blitzableiter ist eine Vorrichtung zum Schutz von Gebäuden gegen einen Blitzschaden. Er besteht aus Fangspitzen, Fangleitungen, Gebäudeableitungen und der Erdungsanlage. Die Fangeinrichtung einer Blitzschutzanlage dient dem sicheren Einfangen eines Blitzes und der Weiterleitung in ungefährlicher Form zur Erde.

Zur Anwendung kommen:

- Fangstangen,
- gespannte Drähte oder Seile,
- Maschennetze auf dem Dach oder
- vorhandene metallene Konstruktionen.

Die Schutzmaßnahmen stehen in Relation zur relevanten Blitzschutzklasse. Mit dem Blitzkugelverfahren können die adäquaten Maßnahmen gefunden werden. Bei der Methode werdendie Eintrittsstellen, die für einen direkten Blitzeinschlag infrage kommen, ermittelt.

Kurzer Überblick zum Blitzkugelverfahren

BeimBlitzkugelverfahren lassen sich durch das Abrollen einer Kugel über ein maßstäbliches Modell der Gebäude die potenziell gefährdeten Stellen bestimmen.

Eine angenommene Blitzkugel mit einem definierten Durchmesser, der abhängig von der gewählten Schutzklasse ist, wird durch das zu untersuchende Gebäude (dreidimensionales Modell) gerollt. Die Gebäudepunkte oder -kanten, die von der Blitzkugel berührt werden, entsprechen potenziellen Einschlagstellen des Blitzes, die mit Fangeinrichtungen auszustatten sind.

Darüber hinaus werden bei diesem Verfahren die natürlichen Schutzräume des Gebäudes sichtbar, die sich aufgrund der Geometrie des zu schützenden Objektes ergeben. Hier ist der Einbau von Fangeinrichtungen in der Regel sodann entbehrlich.

Blitzschutzklassen

Es gibt vier Blitzschutzklassen, die jeweils verschiedenen Wahrscheinlichkeiten eines Blitzschlages zugeordnet werden:

Blitzschutzklasse	Wahrscheinlichkeit des Einschlags
I	98 %
II	95 %
III	90 %
IV	80 %

Berührt eine Kugel einen Ort einer Anlage einer bestimmten Blitzschutzklasse, ist davon auszugehen, dass ein Blitzschlag genau dieser Blitzschutzklasse erfolgen kann. Je kleiner der Radius der Blitzkugel angenommen wird, desto mehr potenzielle Einschlagstellen werden im Blitzkugelverfahren erkannt. Je kleiner die Kugel, desto geringer die Wahrscheinlichkeit eines Blitzschlages, sofern für die gefährdeten Stellen Blitzschutzmaßnahmen ergriffen worden sind.

Trennungsabstände

Der Trennungsabstand ist der Mindestabstand zur Verhinderung von Über- und Durchschlägen (Funkenbildung) zwischen Teilen des äußeren Blitzschutzes und elektrischen sowie metallenen Installationen.

Wird eine Blitzentladung über eine Blitzschutz-Fangeinrichtung und Blitzschutzableitung zur Erdungsanlage abgeleitet, entsteht aufgrund des induktiv-und widerstandbehafteten Leitungsweges zwischen Dachbereich und der Erdungsanlage (Potentialausgleich) eine Spannung von mehreren 100.000 Volt. Um einen Überschläg, also eine gefährliche Funkenbildung, zu vermeiden, müssen Trennungsabstände eingehalten werden.

Ist der Abstand zwischen dem Blitzableiter und einem anderen geerdeten metallischen Gebäudeteil groß genug,, besehtdie Gefahr der Funkenbildung (Blitzüberschlag) nicht. Dieser erforderliche Abstand lässt sich auf Grundlage aktueller Normen (DIN EN 0185-305-3:2006-10) berechnen.

Sofernder Abstand zwischen einem Gerät (oder seiner Zuleitung) und der Fangeinrichtung zu gering ist, entsteht ein Blitzüberschlag. In diesen Fällen entsteht ein Teilblitzstrom, der über die Zuleitung in das Gebäude eingeführt wird. Zerstörungen von elektrischen Geräten im Gebäude sind ebenso möglich wie Brandentstehungen und Folgebrände.

Bei Unterschreitung des Trennungsabstands können Über- oder Durchschläge von Blitzen in Zone 1 oder 21 zu einer Explosion führen, sofern eine explosionsfähige Atmosphäre gegenwärtig ist.

Innerer Blitzschutz

Als innerer Blitzschutz gelten alle Maßnahmen zur Vermeidung der Auswirkungen des Blitzstromes innerhalb des zu schützenden Raumes, die über die für den äußeren Blitzschutz getroffenen Maßnahmen hinausgehen.

Bei einem Blitzschlag außerhalb explosionsgefährdeter Bereiche können indifferente Rückwirkungen auf diese Bereiche ausgehen, da von Blitzeinschlagstellen starke Ströme fließen, die auch in weiter Entfernung (*von der Einschlagstelle*) zündfähige Funken und Sprühfeuer generieren können.

Potentialausgleich

Ein Potentialausgleich sorgt im Falle eines Blitzeinschlages für eine sichere Verteilung der Blitzenergie auf das Potentialausgleichsystem bzw. auf den inneren Blitzschutz.

Eine gefährliche Funkenbildung wird somit vermieden.

Für Anlagen in explosionsgefährdeten Bereichen ist ein Potentialausgleich laut VDE 0165-1 (IEC 60.079-14) zwingend zu installieren.

Zur Vermeidung von Überschlägen (Funkenbildung), die durch Überspannungen verursacht werden, sindalle elektrisch leitfähigen Teile an das Potentialausgleichssystem anzuschließen.

Einrichtungen der elektrischen Energie- und Informationstechnik gilt es im Besonderen zu schützen, weil über das Erdungssystem und den Potentialausgleich eine direkte Verbindung zwischen der äußeren Blitzschutzanlage und der Gebäudeinstallation besteht.

Nach TRBS 2152 Teil 3 und VDE 0185-305-3 (IEC 62.305-3) müssen die Ableitwege des Blitzes so gestaltet sein, dass eine Erwärmung oder zündfähige Funken bzw. Sprühfunken nicht zur Entzündung einer explosionsfähigen Atmosphäre führen. Verbindungen zum Potentialausgleich sind gegen selbsttätiges Lockern gemäß VDE 0165-1 (IEC 60.079-14) und TRBS 2152 Teil 3 zu sichern.

Geeignete Anschlüsse an Rohrleitungen sind angeschweißte Fahnen, Bolzen oder Gewindebohrungen in Flanschen zur Aufnahme von Schrauben. Diese Verbindungsstellen müssen blitzstromtragfähig ausgestaltet sein.

Überspannungsschutz

Der Überspannungsschutz dient der Begrenzung von Überspannungen auf ein für elektrische Anlagen und Endgeräte ungefährliches Maß durch Einsatz von Überspannungsschutzgeräten.In explosionsgefährdeten Bereichen ist der Überspannungsschutz Teil des Blitzschutz-Potentialausgleiches durch seinen Schutz *(basierend auf Messtechnik gegen den Einfluss von Überspannungen durch atmosphärische Entladung).*

Aufgrund von Überspannungen können Auswirkungen auch ohne direkten Blitzeinschlag in größerer Entfernung von der Einschlagstelle auftreten. Durch entsprechende Spannungen entstehen mitunter Schäden an elektrischen Geräten, Systemen und Komponenten für Mess-, Steuer-und Regelungstechnik (MSR). Auch eine Explosion kann die Folge sein.

Zum Schutz gegen Zerstörung oder gegen Falschmeldungen sind für alle sicherheitstechnischen Anlagen Maßnahmen zum Überspannungsschutz geboten.

Überspannungsableiter

Ein Überspannungsableiter dient dazu, Überspannungen zu begrenzen und Blitzströme abzuleiten. Diese Überspannungsschutzgeräte werden für die Stromversorgungsleitungen und für alle Arten von Datenleitungen eingesetzt. Installiert die Elektroanlagen in Gebäuden schützen sie elektrische und elektronische Anlagen vor Überspannungen Blitzeinwirkungen und Sicherungsauslösungen sowie Frequenz-Umrichter oder einfache Schalthandlungen lösen mitunter Überspannungen aus. Die daraus folgenden Potentialdifferenzen führen zu kurzzeitigen Funktionsunterbrechungen oder Fehlsteuerungen. Auch eine Zerstörung von Betriebsmitteln ist möglich.

In Abhängigkeit vonGebäudetyp und Ort des Einbaus werden für die Stromversorgung verschiedene Schutzgeräte eingesetzt, eingeteilt nach den Typenklassen 1 bis 3:

Ableiter Typ 1: Blitzstromableiter für den Blitzschutz-Potentialausgleich

Dieser Typ befindet sich zwischen elektrischen Leitern der Niederspannungsanlage über die Potentialausgleichsschiene bei direkten und nahen Blitzeinschlägen. Bei einem Blitzstromableiter handelt es sich um blitzstromableitfähiges Überspannungsschutzgerät. Es besteht aus einer Funkenstrecke, die nach Erreichen einer Ansprechspannung durchzündet und den Blitzstrom kontrolliert weiterleitet. Blitzstromableiter sind nicht zum Schutz von Elektronik gedacht. Sie verhindern gefährliche Überschläge in Gebäuden und daraus resultierende Brandgefahren. Die Installation erfolgt typischerweise als Grobschutz am Gebäudeeingang einer Stromeinspeisung (z. B. hinter dem Hausanschlusskasten oder in der Hauptverteilung).

Ableiter Typ 2: Überspannungsableiter für elektrische Anlagen
Die Anlagen helfen bei Ferneinschlägen von Blitzen (Blitz-Überspannungen) und Schalt-Überspannungen. Sie minimieren die Überspannungen auf ein für das nachgelagerte energietechnische Netz ungefährliches Spannungsniveau. Die Installation erfolgt meistens als Einbau in der Hauptverteilung bzw. Unterverteilung zum sogenannten Mittelschutz.

Ableiter Typ 3: Überspannungsableiter für elektrische Endgeräte
Es handelt sich einzelne Verbraucher oder Verbrauchergruppen, die Überspannungen auf ein für das elektrische Endgerät ungefährliches Spannungsniveau reduzieren. Sie stellen den lokalen Potentialausgleich her. Es handelt sich um ein Feinschutzgerät direkt am Gerät.

Grundsätzlich sollte ein Überspannungsschutz-Ableiter so nah wie möglich am zu schützenden Gerät installiert werden, weil so die beste Wirkung erzielt werden kann.

Zu berücksichtigen bleibt, dass Überspannungsschutzgeräte außerhalb von explosionsgefährdeten Bereichen installiert werden sollten.

Technische Maßnahmen

Technische Maßnahmen ergänzen bauliche Brand- und Explosionsschutzvorkehrungen. Technische und bauliche Maßnahmen wirken komplementär.

Technischen Sicherheitsmaßnahmen zielen auf die Vermeidung von gefährlichen Mengen oder Konzentrationen von Gefahrstoffen, die zu Brand-oder Explosionsgefährdungen führen können, ab. Istmit der Bildung gefährlicher explosionsfähiger Atmosphären zu rechnen, gilt es, anlagen-, verfahrens- oder prozesstechnische Schutzmaßnahmen vorzusehen. Die Entstehung von gefährlichen explosionsfähigen Atmosphären soll verhindert oder eingeschränkt werden.

Zu den wichtigsten Aspekten der technischen Maßnahmen gehören:

- Verhinderung oder Einschränkung explosionsfähiger Atmosphären im Inneren von Anlagen und Anlagenteilen,
- Verhinderung oder Einschränkung gefährlicher explosionsfähiger Atmosphären in der Umgebung von Anlagen und Anlagenteilen,
- Überwachung der Konzentration in der Umgebung von Anlagen oder Anlagenteilen,
- Maßnahmen zum Beseitigen von Staubablagerungen in der Umgebung von staubführenden Anlagen und Anlagenteilen sowie Behältern.

Anlagentechnische Maßnahmen

Anlagentechnische Schutzmaßnahmen bieten die Möglichkeit, mit bestimmten Verfahren explosionsfähige Atmosphären durch konstruktive Vorgaben oder technische Steuerungseinrichtungen auszuschließen oder zu verhindern.

Geschlossene und dichte Systeme

Ein geschlossenes System ist ein thermodynamisches System, über dessen Systemgrenzen keine Materie austreten kann. Im Gegensatz zu abgeschlossenen Systemen ist ein Energieaustausch mit der Umgebung allerdings erlaubt.

Während eines Produktionsvorganges besteht zwischen dem gefahrenstoffenthaltenden Innenraum und der Umgebung also in der Regel keine betriebsmäßig offene Verbindung. Es wird ein Stoffaustritt strömungsbedingt sicher verhindert.

Unbeabsichtigte Freisetzungen von Gefahrstoffen gilt es zu vermeiden. Insbesondere müssen Gefahrstoffe in Arbeitsmitteln und Anlagen sicher zurückgehalten werden können. Dies ist mit einem geschlossenen System möglich.

Es ist darauf zu achten, Apparaturen geschlossen zu halten und eine dauerhafte dichte Umschließung brennbarer Stoffe zu gewährleisten. So ist es mithin unmöglich, dass Gase oder Dämpfe austreten oder dass brennbare Stäube sich außerhalb der Anlage absetzen würden.

Weiterhin ist zu beachten, dass die Anforderungen an ein geschlossenes System auf die Gestaltung der damit erforderlichen Tätigkeiten abzielen müssen.

Wenn Anlagen als geschlossene Systeme bei offenem Betrieb eine Gefährdung darstellen, ist sicherzustellen, dass sie nur in geschlossenem Zustand, z. B. durch Verriegelungen, betrieben werden können.

Zudem ist zu gewährleisten, dass beim betriebsmäßigen Öffnen des Systems keine Gefahrstoffe austreten und zu einer Gefährdung führen können. Geschlossene Maschinen und Anlagen dürfen erst nach ausreichendem Entfernen der Gefahrstoffe geöffnet oder befahren werden. Diese Bedienungsschritte sind demgemäß so gestalten,, dass sie leicht nachzuvollziehen sind und einfache Bedienungsfehler nicht zu einem Stoffaustritt führen können.

Um einen Stoffaustritt zu vermeiden, können z. B. folgende Maßnahmen getroffen werden:

- Zudosieren aus Rohrleitungen,
- Gaspendelung,
- Druckausgleich an gefahrloser Stelle im Freien,
- Ein- und Austrag durch Schleusen,
- durchgehend geschweißte Leitungen,
- auf Dauer technisch dichte Apparaturen.

Zur Verringerung der Leckraten und zur Verhinderung der Ausbreitung brennbarer Stoffe sind folgende Maßnahmen prädestiniert:

- Anzahl und Abmessungen demontierbarer Verbindungsstücke auf das Mindestmaß beschränken,
- Unversehrtheit von Rohrleitungen gewährleisten, z. B. durch geeigneten Schutz gegen mechanische und übermäßige thermische Einwirkung oder geeignete räumliche Anordnung,
- flexible Rohrleitungen auf ein Mindestmaß beschränken.

Die Freisetzung von gefährlichen explosionsfähigen Atmosphären außerhalb von Anlagenteilen kann durch die Dichtheit eines Anlagenteils verhindert oder eingeschränkt werden. Außerhalb der Anlagenteile ist mit der Bildung von einer gefährlichen explosionsfähigen Atmosphäre durch betriebsbedingten Austritt brennbarer Flüssigkeiten, Gase, Dämpfe oder Stäube zu rechnen.

Betriebsbedingte Austrittsstellen sind u. a.:

- Entlüftungs- und Entspannungsleitungen,
- Umfüllanschlussstellen,
- Peilventile,
- Probenahmestellen,
- Entwässerungseinrichtungen
- bei Stäuben z. B. Übergabestellen.

Ferner sind auch nicht-kontrollierte Flansch- oder Gehäuseverbindungen, so zum Beispielim Pumpengehäuse, zu berücksichtigen.

„Auf Dauer technisch dichte“ Anlagenteile und „technisch dichte“ Anlagenteile
Anlagenteile sind „auf Dauer technisch dicht“, wenn sie so ausgeführt sind, dass sie durch ihre Konstruktion technisch dicht bleiben oder diese technische Dichtheit durch Wartung und Überwachung ständig gewährleistet wird.

Auf Dauer technisch dichte Anlagen- und Ausrüstungsteile sind z. B.:

- geschweißte Anlagenteile
- Anlagenteile, die auch Dichtungselemente enthalten können

Anlagenteile gelten als „technisch dicht“, wenn bei einer Dichtheitsprüfung, -überwachung bzw. -kontrolle keine Undichtheiten erkennbar sind. Bei Gasen und Dämpfen vollzieht sich dies u. a. mit schaumbildenden Mitteln oder mit Lecksuchgeräten, bei Stäuben durch regelmäßige Kontrolle auf Staubaustritte und -ablagerungen sowie auf sichtbare Defekte oder Beschädigungen.

Beispiele für technisch dichte Anlagenteile:

- Für Gase und Dämpfe:
  - Flansche mit glatter Dichtleiste und keinen besonderen konstruktiven Anforderungen an die Dichtung,
  - Schneid- und Klemmringverbindungen in Leitungen größer DN 32,
  - Pumpen, deren Dichtheit nur auf einer einfach wirkenden Gleitringdichtung beruht,
  - lösbare Verbindungen nach Nr. 2.4.3.2 TRBS 2152 Teil 2 bzw. TRGS 722, die nicht nur selten gelöst werden.
- Für Stäube:
  - Kompensatoren,
  - flexible Verbindungen,
  - Stopfbuchsen-Abdichtungen,
  - lösbare Verbindungen nach Nr. 2.4.3.2 der TRBS 2152 Teil 2 bzw. TRGS 722, die nicht nur selten gelöst werden,
  - Einstiegs- und Inspektionsöffnungen, die nicht nur selten geöffnet werden.

Prozesstechnische Maßnahmen

Ziel dieser Maßnahmen ist es, Austrittsmengen, Zonenausdehnungen und/oder Auftrittswahrscheinlichkeiten explosionsfähiger Atmosphären zu verringern. Gefahrdrohende Mengen können mit prozesstechnischen Maßnahmen verhindert oder eingeschränkt werden. Eine übliche Methode besteht in der Begrenzung des Volumens oder der Konzentration. Diese Maßnahmen sind zusätzlich zu überwachen, sofern die Einhaltung einer unbedenklichen Konzentration durch die Verfahrensbedingungen nicht realisierbar ist.

Es sind drei Maßnahmendimensionen zu berücksichtigen:

- Mengenbegrenzung: Die Mengen an Gefahrstoffen sind so zu begrenzen, dass Gefährdungen durch Brände und Explosionen so gering wie möglich sind. Eine explosionsfähige Atmosphäre liegt dann in gefahrdrohender Menge vor, wenn im Falle ihrer Entzündung Sicherheit und Gesundheit der Beschäftigten oder Dritter beeinträchtigt werden können und deshalb besondere Schutzmaßnahmen notwendig sind.
- Konzentrationsbegrenzung: Die Konzentration an brennbaren Bestandteilen im Gemisch ist so zu verändern, dass sich diese außerhalb der Explosionsgrenzen befindet.
- Inertisierung (Hinzufügen von Inertstoffen): Maßnahme, um die sicherheitstechnischen Kenngrößen eines Gemisches so zu verändern, dass eine explosionsfähige Atmosphäre verhindert wird.

Hinweise zur Inertisierung

Die Inertisierung muss sichergestellt werden, beispielsweise durch kontinuierliche Überwachung des Inertgasstroms und der Sauerstoffkonzentration. Ebenso können spezielle Inertgasschleusen verwendet werden. Diese verhindern das Einbringen von Luftsauerstoff bei der Behälterbefüllung mit explosionsfähigen Gemischen.

Beispiele für gasförmige Inertstoffe:

- Stickstoff
- Kohlenstoffdioxid
- Wasserdampf
- Edelgase
- Verbrennugsabgase

Beispiele für staubförmige Inertstoffe:

- Calciumsulfat
- Steinmehl
- Natriumhydrogencarbonat

Konstruktive Maßnahmen

Konstruktive Maßnahmen sind Schutz- und Sicherheitsmöglichkeiten, die aus verfahrenstechnischen Gründen (meistens) in geschlossenen Anlagen zum Einsatz kommen. Sie verhindern ein Auftreten von gefährlichen explosionsfähigen Atmosphären und das Wirksamwerden einer Zündquelle. Diese konstruktiven Explosionsschutzmaßnahmen begrenzen die Folgen einer Explosion auf ein Mindestmaß bzw. auf ein ungefährliches Maß.

Explosionsfeste Bauweise

Die häufigste technische Maßnahme zum Schutz besteht in der Bauweise, also in der Konstruktion selbst. Diese sollte explosionsfest sein. Es müssen nicht alle Komponenten explosionsfest sein. Anlagenteile wie Behälter, Apparate oder Rohrleitungen, in denen es zu Explosionen kommen kann, sind primärexplosionsfest zu gestalten. Ziel ist es, diese anfälligen Komponenten dem erwarteten Explosionsdruck im Inneren entgegenzuwirken,, ohne dass es zu Rissen oder anderen Dekonstruktionen kommt.

Bei explosionsfesten Bauweisen wird zwischen zwei Formen differenziert:

- Explosionsdruckfeste Bauweise: Anlagenteile sind explosionsdruckfest, wenn sie dem zu erwartenden Explosionsdruck standhalten, ohne sich dauerhaft zu verformen.

- Explosionsdruckstoßfeste Bauweise: Anlagenteile sind explosionsdruckstoßfest, wenn sie dem zu erwartenden Explosionsdruck standhalten und dabei nicht aufzureißen, wobei bleibende Verformungen zulässig sind.

Explosionsdruckentlastung
Eine Explosionsdruckentlastung ist ein beabsichtigtes und damit bestimmungsgemäßes Verfahren. EineExplosion in einem Anlagenteil gibt festgelegte Öffnungen frei. Einrichtungen zur Explosionsdruckentlastung können z. B. Berstscheiben, Explosionsklappen oder ständige Öffnungen sein.

Die Explosionsdruckentlastung ist so auszulegen, dass die Anlage nicht über ihre Explosionsfestigkeit hinaus beansprucht wird und die geschützten Anlagenteile dem reduzierten Explosionsdruck standhalten können. Auf diese Weise orientieren sich explosionsfeste Ausführungen in Verbindung mit einer Explosionsdruckentlastung auf einen reduzierten Explosionsdruck.

Explosionsunterdrückung
Eine Explosionsunterdrückung ist ein Verfahren, das Explosionen bzw. Explosionsgefährdungen frühzeitig erkennt und durch chemische Prozesse unterdrückt. Somit können gefährliche Auswirkungen von Explosionen reduziert bzw. vermieden werden.

Das System besteht aus Detektoren, einer zentralen Steuerung und unter Druck stehenden Löschmittelbehältern.

Die Druckdetektoren erkennen den bei der Verbrennung einer explosionsfähigen Atmosphäre in einem geschlossenen oder im Wesentlichen geschlossenen Volumen entstehenden Druckanstieg in der Anfangsphase. Sie unterbrechen die weitere Ausbreitung der Flammenfront in der explosionsfähigen Atmosphäre durch Zugabe eines Löschmittels innerhalb weniger Millisekunden, sodass es nicht zu einem gefährlichen Druckaufbau kommt.

Mit der Explosionsunterdrückung ist es möglich, den maximalen Explosionsdruck auf einen reduzierten zu begrenzen. Der zu erwartende Explosionsdruck wird verringert.

Das Verfahren findet bei der möglichen Freisetzung toxischer Produkte überDruckentlastungsöffnungen Anwendung. In diesen Fällen dürfen keine Restprodukte oder Verbrennungsabgase durch den entweichenden Explosionsdruck ins Freie geleitet werden.

Explosionstechnische Entkopplung
Sind Anlagenteile miteinander verbundenen, ist auch die Ausbreitungswahrscheinlichkeit zu untersuchen. Ausder Übertragung bzw. Ausdehnung von Explosionsereignissen von einem Anlagenteil auf andere resultieren häufig Folgereaktionen.

Diese entstehen mitunter aufgrund von Vorkompressionen, Turbulenzen oder extrem zündwirksamen Flammenstrahlen. Konstruktive Maßnahmen vermögen diese Explosionsfolgen mit einem vertretbaren technischen Aufwand nicht zu kompensieren. Eine Entkopplung ist als eine essenzielle Methode zur Unterbindung von Übertragungsrisiken ist in diesen Fällen geboten.

Lüftungstechnische Maßnahmen

Be- und Entlüftungen können Explosionsrisiken durch die Beeinflussung der explosionsfähige Atmosphäre in der Umgebung von Anlagen oder Apparaten minimieren. Indessen kann die Explosionsvermeidung häufig nicht erreicht werden, sondern lediglich eine Verringerung der Auftretenswahrscheinlichkeiten gefährlicher explosionsfähiger Atmosphären oder eine Verringerung der Ausdehnung von explosionsgefährdeten Bereichen. Viele Parameter sind für für die Wirkungsfolgen von Bedeutung. Diese lassen sich jedochnicht immer genau bestimmen, so zum Beispiel:Verfügbarkeit und Art der Luftführung (Güte) oder Stärke. Die zu erwartende Quellstärke der brennbaren Stoffe im Betriebs- und Störungszustand ist nicht immer einfach abschätzbar. Zumaldie Verteilung brennbarer Substanzen im Raum, die Strömungsverhältnisse sowie die Verdünnung der explosionsfähigen Atmosphäre zu berücksichtigen sind.

Grundkenntnis I: Strömungstechnische Kurzschlüsse gilt es zu vermeiden. Dafür sind die Aus- und Einlässe von Ab- und Zuluft so anzulegen, dass die Zuluft nicht direkt in die Abluftöffnungen eingeht, ohne den Raum zu durchstreichen.
Grundkenntnis II: Durch Strömungshindernisse können Toträume entstehen, in denen die Luftbewegung nur schwach oder nicht ausgebildet ist.
Grundkenntnis III: Trotz Lüftungsmaßnahmen können auch im Bereich der Austrittsstellen eines brennbaren Stoffes explosionsfähige Konzentrationen verbleiben.
Grundkenntnis IV: Bereits kleinste Veränderungen im System haben möglicherweise große Auswirkungen auf die Funktionen der Lüftung bis hin zu einer signifikant Beeinträchtigung.

Objekt-oder Quellenabsaugung

Strömenbrennbare Stoffe aus, können sich außerhalb von Anlagen und Anlagenteilen gefährliche explosionsfähige Atmosphären und bei Stäuben auch Ablagerungen bilden. Hier besteht sodann erweitertes Entzündungspotenzial, das wirksam zu weren vermag, selbst wenn die Entzündung nicht in unmittelbaren Nahbereich erfolgt.Daher müssen Gefahrstoffe an deren Austritts- und Entstehungsstellen so gefahrlos wie möglich beseitigt werden.

Ein Abluftventilator ermöglicht die Absaugung an der Entstehungsstelle Dies ist einer künstlichen Raumlüftung vorzuziehen, da nur durch Absaugen ein gefahrloses Abführen der Abluft sichergestellt ist.Stationäre Absauganlagen reduzieren z. B. in Entlüftungs- und Beschickungsöffnungen die Freisetzung explosionsfähiger Atmosphären. Dadurch senken sie das Explosionsrisiko an Maschinen sowieim Produktionsraum.

Wichtig: Absaugung muss stets auf den Einzelfall ausgerichtet sein

Hinweis I: Gase, die „leichter“ als die Umgebungsluft sind, müssen durch Entlüftungsöffnungen in Deckennähe abgeführt werden.

Hinweis II: Dämpfe von brennbaren Flüssigkeiten und Gasen, die wiederum „schwerer“ als die Umgebungsluft sind, müssen an der Austrittsstelle abgesaugt werden. Die Luftgeschwindigkeit muss außerhalb der Mündung schnell abnehmen.
Hinweis III: Insbesondereei mobilen Absaugeinrichtungen ist auf die Positionierung zu achten.

Ein Ausfall von Lüftungseinrichtungen während des Betriebes muss schnell erkennbar sein. Die grundlegende Funktion gilt es zu erhalten oder rasch wieder herzustellen, denn das explosionsfähige Gemisch muss aus einem explosionsgefährdeten Abluftsystem gefahrlos in Bereiche ohne Zündgefahren bewegt werden. Kommen Ventilatoren zum Einsatz, gilt es diese auchgegen Zündgefahren abzusichern.werden. Orientierungshilfen bieten die jeweiligen Zonen. Ventilatoren gelten als explosionsgeschützt, sofern sie so konstruiert sind, dass beim Absaugvorgang Motorwärme, Funken oder Elektrostatik nicht mit der explosionsfähigen Atmosphäre in Kontakt kommen. Auch nachgeschaltete Abluftreinigungsanlagen sind so zu sichern, dass Zündgefahren ausgeschlossen bleiben. Hier könnte z. B. eine explosionstechnische Entkopplung zur Vermeidung eines Flammenrückschlages in das Abluftsystem integriert werden.

Raumlüftung
Eine ausreichende Belüftung vermeidet häufig die Bildung gefährlicher explosionsfähiger Atmosphären. Voraussetzung istsind allerdings eine Abschätzung der maximalen Menge (Quellstärke), der die explosionsfähige Atmosphäre bildenden Gase und Dämpfe, sowie Kenntnis über die Lage der Quelle und die Ausbreitungsbedingungen.

Lüftungstechnische Maßnahmen gehen mit bauphysikalischen Voraussetzungen einher, da es.Beim Lüften zu Luftwechseln kommt. In der Bauphysik meint „Luftwechsel“ das Volumen der beim Lüften ausgetauschten Luft im Verhältnis zum Volumen des gelüfteten Raumes. Damit ist eine Luftwechselzahl ableitbar Diese ist ein Vielfaches oder ein Bruchteil eines Raumvolumens.

In Lüftungsanlagen ist die Luftwechselzahl die Relation zwischen Zuluftvolumenstrom und Raumgröße. Der vollkommene Austausch des Raumluftvolumens gilt als Idealzustand.Vor diesem Hintergrund ist auch auf die richtigeLüftungskonzeption zu achten. Diese hängt von der maximalen Stärke und Häufigkeit der Quelle sowie von den Eigenschaften der beteiligten brennbaren Gase, Flüssigkeiten oder Stäube ab.

Für die Belüftung gibt es zwei Optionen: die natürliche Lüftung und technische bzw. künstliche Lüftung.

Natürliche Lüftung
Bei dieser Art der Lüftung erfolgt der Luftaustausch ohne technische Hilfsmittel,

- aufgrund von Dichte-bzw. Druckdifferenzen der Luft.

- durch Temperaturdifferenzen innerhalb/außerhalb eines Raumes räumlich benachbarter Bereiche.
- durch Wind.

Eine natürliche Lüftung dient der Durchlüftung von Arbeitsräumen, um eine allgemeine Grundbelastung mit Gefahrstoffen in der Luft durch lüftungsindizierte Verdünnung zu reduzieren.

Merke: Die strömende Luft muss so gerichtet sein, dass Die belastete Luft von den Arbeitskräften bestmöglich fortführt

Eine gute Option für die effiziente Nutzung einer natürlichen Lüftung ist die Kombination mit gerichteter, möglichst laminar strömender Zuluft, die Gefahrstoffe der Abluft zuführt.

Es gibt drei zu beachtende Formen von Luftwechsel: normal, erhöht, vermindert:

Normaler Luftwechsel: In Räumen oberhalb der Erdgleiche und ohne besondere Lüftungsöffnungen (abgesehen von einer dichten Energiespar-Bauweise) ist eine Luftwechselzahl von mind. $n = 1$ angenommen aufgrund von Witterung und baulicher Gestaltung.

Erhöhter Luftwechsel: Die räumliche Anordnung der Öffnungen von Zuluft und Abluft unterstützt die natürliche Konvektion. Bei kleinen Räumen wird die besteWirkung erzielt, wenn sich die Öffnungen raumdiagonal gegenüber befinden (Querlüftung).

Bei größeren Räumen können ausgeprägte Konvektionswalzen durch entsprechende Abluftöffnungen im Deckenbereich genutzt und unterstützt werden. Industriebauten mit Entlüftungsöffnungen im Dachbereich verfügen i. d. R. über einen höheren Luftwechsel.

Verminderter Luftwechsel: In Räumlichkeiten des Kellers herrschen meistens geringere natürliche Lüftungen vor. Nur kleine Öffnungen und Fenster führen zu einem geringen Luftaustausch.

Als Luftwechselzahl ist bei allseits unter Erdgleiche liegenden Kellerräumen als Richtwert ca. $n = 0{,}4$ anzunehmen. Durch gezielte Zu- und Abluftöffnungen lässt sich dieser Wert bis auf ungefähr das Doppelte erhöhen.

Achtung: Natürliche Lüftung kann eine Explosionsschutzmaßnahme sein, sofern die notwendigen treibenden Kräfte dieser Lüftung für einen ausreichenden Luftaustausch sorgen.

Technische Lüftung

Eine technische Lüftung ist der Luftaustausch durcheingesetzte technischen Mittelwie z. B. Ventilatoren oder Luftinjektoren. Bedarf es über die Möglichkeiten einer natürlichen Lüftung hinaus einer Lüftung, kommen die Verfahren der technischen Lüftung zur Anwendung.

Technische Lüftungen sichern beispielsweise einen offenen Umgang mit brennbaren Stoffen in größeren Mengen, sofern das Entsteheneiner explosionsfähigen Atmosphäre möglich ist. Bei Freisetzung brennbarer Dämpfe und brennbarer Gase mit einem vergleichsweise höheren Gewicht als die Umgebungsatmosphäre, bilden sich in tieferliegenden oder gefangenen Räumen, in Ecken, in abgeteilten Bereichen, in Bodenvertiefungen usw. häufig gefährliche explosionsfähige Gemische

Bei technischen Lüftungen als Bestandteil des Explosionsschutzes gilt es auf folgende Aspekte zu achten, die wiederum im Einzelfall beurteilt werden müssen:

- Güte,
- Stärke,
- Verfügbarkeit.

Durch die einzelfallbezogeneDimensionierung der Lüftungsanlage kann gewährleistet werden, dass z. B. durch Überdruck eine explosionsfähige Atmosphäre nichtnicht in Nachbarbereiche gelangen kann.

Sicherheitstechnische Maßnahmen

Ausgehend von den Ergebnissen der Gefährdungsbeurteilung sind Maßnahmen abzuleiten, mit denen das Risiko für zeitgleiches Auftreten einer gefährlichen explosionsfähigen Atmosphäre (Zoneneinteilung) und wirksamen Zündquellen (Zündquellenvermeidung) ausreichend sicher minimiert werden kann bzw. die Explosionsfolgen auf ein Minestmaß zu reduzieren.

Explosionsschutzeinrichtungen führen die aus der Gefährdungsbeurteilung abgeleiteten Sicherheitsfunktionenaus, Gefahrstoffe in Arbeitsmitteln und Anlagen sicher zurückzuhalten. Auch gefährliche Zustände wie z. B. zu hohe oder zu niedrige Temperaturen, Über- und Unterdrücke, Überfüllungen oder Korrosionen lassen sich vermeiden.

Aus einem Zusammenschluss mehrerer Explosionsschutzeinrichtungen entstehen Explosionsschutzvorrichtungen. Diese bestehen mitunter nur aus einer einzelnen Einrichtung bestehen. Zu den Vorrichtungen gehören auch mögliche Überwachungen der Einrichtungen.

Messen, Steuern, Regeln: Kontrolleinrichtungen

Vorrichtungen zum Explosionsschutz bzw. zur Vermeidung gefährlicher explosionsfähiger Atmosphären werden durch mechanische, pneumatische, hydraulische, elektrische, elektronische sowie programmierbare elektronische Mess-,

Steuer-und Regelungseinrichtungen (sogenannte MSR-Einrichtungen) kontrolliert. Mögliche Ansätze sind:

- Maßnahmen zur Einhaltung von Temperaturen,
- Maßnahmen zur Füllstandüberdeckung,
- Lüftungsanlagen und
- Inertisierungsanlagen.

Bei den Mess-, Steuer- und Regeleinrichtungen ist auf Zuverlässigkeit zu achten. Diese korreliert mit einer Sicherheitsfunktion. Daraus ergeben sich zwei tragende Merkmale für einen reibungslosen Ablauf: zuverlässiges Funktionieren und funktionale Sicherheit.

Die Zuverlässigkeit einer Funktion wird bestimmt durch:

- Betriebsweise
- Beanspruchungswerte aus Umgebung und Prozess
- Häufigkeit eines Eingriffs der Überwachung
- Anforderungen des Prozesses hinsichtlich der Schnelligkeit des Eingriffs (Prozessfehlertoleranzzeit).

Im Normalbetrieb werden die Arbeitsmittel oder Anlagen und deren Einrichtungen innerhalb ihrer Auslegungsparameter benutzt oder betrieben. Daraus ergibt sich eine ableitbare Definition von Fehlern: Ein Fehler liegt vor, wenn eine Funktionseinheit nicht die beabsichtigte Funktion erbringt, wodurch der Normalbetrieb eingeschränkt oder gar nicht mehr möglich ist.

Störungen, die größere Eingriffe wie eine Instandsetzung oder Abschaltung erfordern, werden nicht als Normalbetrieb betrachtet.

Die Zuverlässigkeit ist von der Zoneneinteilung und von der Wahrscheinlichkeit des Auftretens einer wirksamen Zündquelle abhängig. Die Zuverlässigkeit der Explosionsschutzvorrichtung muss der geforderten Reduzierungsstufe entsprechen.

Die Bewertung des Ausfallverhaltens von Funktionseinheiten der MSR-Einrichtungen wird in aller Regel durch den Hersteller gemäß Herstellungsnormen vorgenommen. Eine Bewertung durch den Anlagenbetreiber ist damit nicht bzw. nur in Ausnahmefällen notwendig.

Ein weiterer Aspekt ist die Redundanz, die durch den Einsatz einer weiteren bzw. zusätzlichen Explosionsschutzeinrichtung erreicht werden kann.

Durch redundante Informationen, Baugruppen, Geräte, Steuerleitungen oder Leistungsreserven kann die Verfügbarkeit einer Explosionsschutzvorrichtung erhöht werden.

Redundanz ist grundsätzlich definiert als das zusätzliche Vorhandensein funktional gleicher oder vergleichbarer Ressourcen eines technischen Systems, die bei einem störungsfreien Betrieb im Normalfall nicht benötigt werden. Die Redundanz kann homogen oder diversitär sein. Bei einer homogenen Redundanz arbeiten gleiche Komponenten parallel.

Dies ist aber nur eine Sicherung gegen zufällige Ausfälle. Bei einer homogenen Redundanz besteht eine höhere Wahrscheinlichkeit für einen Gesamtausfall aufgrund systematischer Fehler, da der Ersatz im Störungsfall durch gleiche Komponenten erfolgt.

Die diversitäre Redundanz erfasst auch systematische Fehler, da unterschiedliche Komponenten unterschiedlicher Hersteller, Typen und/oder Funktionsprinzipien verwendet werden. Hierbei gibt es zwei Grundformen:

1. Aktive Redundanz
   In dieser Form führen mehrere Funktionseinheiten die Funktion zeitgleich parallel aus. Der gleichzeitige Ausfall beider Funktionseinheiten ist nahezu unwahrscheinlich. Fehler mit gemeinsamer Ursache sind nach Maßgabe der technischen Vernunft ausgeschlossen.
2. Passive Redundanz
   Eine oder mehrere Funktionseinheiten sind parallel vorhanden, arbeiten aber nicht gleichzeitig. Die aktive Funktion wirdüberwacht und bei einem Fehler durch die Überwachung auf die parallel vorhandene Funktion umgeschaltet. Diese Rückfallebene repräsentiert ein Sekundärsystem. Dieses System bietet bei Ausfall eines primären Systems einen Schutz gegenüber einer Gefährdung und kann auch den Totalausfall des Gesamtsystems verhindern.

Überwachung

Istdie gebotene Zuverlässigkeit der Explossionsschutzvorrichtung durch die Explosionsschutzeinrichtung nicht gewährleistet,, kann eine Überwachung installiert werden. Diese Möglichkeit ergibt sich aus der Gefährdungsbeurteilung. Es gibt zwei Formen der Überwachung, nämlichdie Prozessüberwachung und die Konzentrationsüberwachung.

Bei der Prozessüberwachung geht es um, den Ausfall der Sicherheitsfunktion einer Explosionsschutzeinrichtung so früh wie möglich zu erkennen und den Prozess durch Einleitung technischer oder organisatorischer Maßnahmen innerhalb der PFT in den sicheren Zustand zurückzuführen. Zu differenzieren ist zwischen:

- unabhängiger Überwachung (Fehler mit gemeinsamer Ursache für die Überwachung und die durch sie überwachte Ex-Einrichtung werden ausgeschlossen.)
- abhängiger Überwachung (Diese Form teilt sich gemeinsame Funktionseinheiten mit Ex-Einrichtung. Ein gefährlicher Fehler in der gemeinsamen Funktionseinheit führt gleichzeitig zum Ausfall der Ex-Einrichtung und der Überwachung.)

Bei der Konzentrationsüberwachung geht es um das rechtzeitige Erkennen von gefährlich werdenden Veränderungen in den Gemischen. Um gefährliche explosionsfähige Atmosphären rechtzeitig zu erkennen, können Gaswarneinrichtungen installiert werden. Diese müssen für den Einsatz als Explosionsschutzmaßnahme hinsichtlich der messtechnischen Funktionsfähigkeit und der funktionalen Sicherheit für den vorgesehenen Einsatzfall geeignet sein.

Bezüglich der Überwachung der Entwicklungen von explosionsfähigen Atmosphären gelten sieben Bedingungen, die erfüllt sein müssen:

1. Kompetenzen in Bezug auf die Eigenschaften der zu erwartenden Stoffe, die Lage ihrer Quellen, ihre maximalen Quellstärken und die Ausbreitungsbedingungen.
2. Die Funktionsfähigkeit der Geräte, unter besonderer Berücksichtigung von Ansprechzeit, Ansprechwert und Querempfindlichkeit.
3. Vermeidung von gefährlichen Zuständen bei Ausfall einzelner Funktionen der Gaswarneinrichtung.
4. Schnelles und sicheres Erfassen der zu erwartenden Stoffe durch geeignete Wahl von Anzahl und Positionen der Messstellen in der Nähe der Stellen, an denen mit dem Auftreten explosionsfähiger Atmosphären zu rechnen ist.
5. Kenntnis des Bereiches, der bis zum Wirksamwerden derauszulösenden Schutzmaßnahmen explosionsgefährdet sein wird.
6. Ausreichend sicheres Verhindern des Auftretens gefährlicher explosionsfähiger Atmosphären außerhalb des Bereiches durch adäquate Schutzmaßnahmen.
7. Vermeidung von anderweitigen Gefahren durch eine Fehlauslösung.

Gaswarneinrichtungen dienender Warnung vor fehlerhaften Entwicklungen im Kontext von Gasaustritten, unbeabsichtigten Freisetzungen oder auch technischen Defiziten. Sie sollen rechtzeitig vor dem Auftreten explosionsfähiger Atmosphären warnen. Sie bilden insoweit die Grundlage für die Einleitung von Schutzmaßnahmen oder auch für Notfunktionen zur Stilllegung der betroffenen Anlage. Doch Gaswarneinrichtungen deuten nicht nur auf Explosionsgefahren hin. Sie können auch vor Gesundheitsgefahren warnen.

Bei Gaswarneinrichtungen sind drei Optionen möglich:

1. Gaswarneinrichtungen mit Alarmierung
   Wird eine Alarmschwelle durch Gas erreicht, sendet die Einrichtung ein Warnsignal, um Personen rechtzeitig im Gefahrenfall zu warnen. Die Alarmschwelle muss auf eine Konzentration mindestens so weit unterhalb der UEG eingestellt sein, dass nach Alarmauslösung die in der Betriebsanweisung festgelegten Maßnahmen rechtzeitig wirksam werden können.
2. Gaswarneinrichtungen mit automatischen Schaltfunktionen
   Sofern das Ergebnis der Gefährdungsbeurteilung eine automatische Begrenzung oder Unterbrechung der Gefahrstoffströme vorsieht,. können Gaswarneinrichtungen beim Erreichen einer Schaltschwelle neben der Alarmierung weitere automatische Schaltfunktionen aktivieren, die der Bildung gefährlicher explosionsfähiger Atmosphären sicher vorbeugt. Diese Schutzmaßnahmen können sich auf die Atmosphäre außerhalb oder auf das Innere der Anlagenteile beziehen.
3. Gaswarneinrichtungen mit automatischer Auslösung von Notfunktionen
   Hier werden automatische Abschaltvorgänge aktiviert, die ein gefahrloses Abfahren der gefährdeten Anlagen(teile) bewirken, wenn ein kritischer Konzentrationswert erreicht wurde. Diese Maßnahmen haben einen direkten Einfluss auf die Entstehung einer gefährlichen explosionsfähigen Atmosphäre.

Abschaltung bei nicht bestimmungsgemäßem Betrieb

Gefahrstoffströme müssen, sofern die eine Gefährdungsbeurteilung eine Anforderung ausweist, automatisch begrenzt oder unterbrochen werden. Explosionsschutzeinrichtungen sorgen durch eine Stillsetzung der Förderung dafür, dass Gefahrstoffströme von einem schnell und ungehindert erreichbaren Ort aus unterbrochen werden können. Bei einem Energieausfall ist darauf zu achten, dass sich alle Geräte und Schutzsysteme unabhängig vom übrigen Betriebssystem in einem sicheren Betriebszustand halten. Im Fehlerfall ist die ausgefallene Anlage nicht mehr verfügbar. Ein kontrollierbarer Ausgangszustand ist eingenommen.

Geräte und Schutzsysteme im Automatikbetrieb müssen unter sicheren Bedingungen manuell abgeschaltet werden können, sofern sie vom bestimmungsgemäßen Betrieb abweichen. Wird eine Notabschalteinrichtung genutzt, gilt es problematische Zustände so schnell wie möglich abzubauen und zu isolieren.ProblematischeZustände im Sinne dieser Ausführungen sind beispielsweise Überdruck, Unterdruck, erhöhte Temperaturen oder elektrische Spannungen.

Organisatorische Maßnahmen

Organisatorische Maßnahmen dienen dazu, die baulichen und technischen Maßnahmen umzusetzen. Gleichzeitig dienen sie erweiterten Funktionsfeldern des Explosionsschutzes, so z. B. der Einrichtung und Kontrolle der Ersten Hilfe. Eine Organisation zur Unterstützung des Explosionsschutzes ist gut und wirksam. sofern, sie alle Mittel und Maßnahmen für den Explosionsschutz bereitstellt. Alle Schutzmaßnahmen sind einzubetten in die Arbeits- und Führungsstrukturen des Unternehmens. Somit sindauch Arbeitsplatzgestaltung und Arbeitsorganisation zu berücksichtigen.

Unter dem Begriff „Betriebsorganisation“ wird in der Organisationslehre die planvolle, dauerhafte und allgemeine Ordnung aller in einem Betrieb vorhandenen Produktionsfaktoren zurErfüllung der Unternehmensziele unter Beachtung des Betriebszwecks verstanden. Hierzu gehört auch die Erledigung aller Arbeitsaufgaben durch die jeweiligen Arbeitskräfte, die mit jeweiligen Entscheidungs- und Gestaltungsmöglichkeiten ausgestattet sind. Sie üben für sich selbst und je nach betriebslicher Funktion rechtsmittelbewehrte Verantwortungen für Dritte aus. Jede Arbeitskraft ist angehalten, alle Maßnahmen zur Verhütung von Arbeitsunfällen, berufsbedingten Krankheiten und berufsbedingten Gesundheitsefahren zu ergreifen.

Weisungsbefugnis und Weisungsbeachtung

Alle Beschäftigen haben die Pflicht, den Weisungen des Arbeitgebers zu folgen. Weisungen (und auch Unterweisungen) sind Richtlinien und verbindliche Aussagen zum sicherheitsgerechten Verhalten. Der bestimmungsgemäße Gebrauch von Maschinen, Geräten, Werkzeugen, Arbeitsstoffen, Transportmitteln und weiteren Arbeitsmitteln, einschließlich aller Schutz- und Sicherheitsvorrichtungen, ist hierbei grundlegend. Zur Weisungsbefugnis gehört die Einschränkung, dass zwar alle Arbeitskräfte Weisungen einhalten müssen, dies aber dort an Grenzen stößt, wo Weisungen offenbar gegen Sicherheit und Gesundheit verstoßen.

Aufgabenübertragung

Arbeitgeber müssen Aufgaben so vergeben, dass sie bestmöglich mit den Kompetenzprofilen der Mitarbeiter übereinstimmen. § 7 ArbSchG führt diesbezüglich aus„ dass der Arbeitgeber die individuelle aufgabenbezogene Befähigung der Beschäftigten zu berücksichtigen hat, die für Sicherheit und Gesundheitsschutz zu beachtenden Bestimmungen und Maßnahmen einzuhalten. Es gilt hier die Relation zum Gefährdungspotenzial.‚Der Unternehmer muss dies berücksichtigen und darf eine Arbeitskraft nicht mit Arbeiten beschäftigen, für die diese erkennbar ungeeignet ist.

Befähigung für sicherheitsrelevante Tätigkeiten

Aus diesem Anspruch heraus ergibt sich eine konkretisierte Definition der Befähigung: Es handelt sich um die Summe aller Fähigkeiten, Fertigkeiten und Wissensbestände des Menschen um eine Aufgabe angemessen lösen zu können. Mit Blick auf die Sicherheit kommen spezifische sicherheitsrelevante Kompetenzen als Inhalte der Definition hinzu.

Allgemeine Aspekte der Befähigung sind u. a.:

- Sinnesfähigkeiten
- Auffassungsgabe
- Konzentrationsfähigkeit
- Verantwortungsbereitschaft
- Kommunikationsvermögen
- psychische Belastbarkeit
- Koordinationsfähigkeit
- Technikverständnis
- Motivation und Interessen
- Ausbildungsqualifikation

Befähigungseinschränkung

Auf die Beschränkung bzw. Einschränkung von Befähigungen ist zu achten. Ist Erweist sich eine Arbeitskraft für eine bestimmte Tätigkeit als ungeeignet, greift ein Beschäftigungsverbot, sofern durch vorhandene Inkompetenz eine Eigen- und Fremdgefahr deutlich wird.Es gilt auf akute Minderungen der Befähigung zu achten. Beispiele für solche Fälle sind Medikamenteneinnahme, Unwohlsein, Übermüdung, Traumata, Alkohol- oder Drogenkonsum, Krankheit.

Gefahrenmeldungen

Bechäftigte haben die Pflicht, den Vorgesetzten bzw. den Arbeitgeber über festgestellte unmittelbare erhebliche Gefahren für die Sicherheit und Gesundheit zu informieren. Dies beinhaltet auch die Meldung festgestellter Defekte an Schutzsystemen.

Betriebsanweisungen

Beschäftigte müssen in der Lage sein, Explosionsgefahren zu erkennen und sich entsprechend zu verhalten wissen. Deshalb benötigen sie Informationen, Erklärungen und letztlich auch Anweisungen. Der Arbeitgeber stellt sicher, dass alle Arbeitskräfte gemäß ihren Positionen relevante Daten erhalten. Es bedarf einer Unterrichtung. Schriftliche Betriebsanweisungen sind eine übliche Methode, ebenso wie Weiterbildungen.

Formen und Inhalte der Betriebsanweisungen

Eine festgelegte Form existiertnicht, abgesehen von der obligatorischen Schriftform, die von Formation oder Design nicht limitiert ist. Zielführend ist allerdings eine einheitliche Gestaltung mit Wiedererkennungsmerkmalen. Die Gliederung der Inhalte sollte logisch sein, es braucht eine klare Sprache und Abbildungen vollenden das Textstück. Übersetzungen sind bei einer internationalen Belegschaftzu beachten. Eine ergänzende Verwendung von Piktogrammen und Symbolschildern wird empfohlen, insbesondere gilt dies für die Gefahrenpiktogramme nach Verordnung (EG) Nr. 1272/2008 bzw. ASR A1.3.

Die schriftlichen Anordnungen sind verbindlich und umfassen Aspekte zum Arbeitsplatz, zu einzelnen Tätigkeiten und zu Stoffen sowie Geräten und Werkzeugen. Wichtig sind die Verhaltensanweisungen und -hinweise. Im Fokus stehen der Schutz vor Unfallgefahren, Gesundheits-, Brand- und Explosionsgefährdungen sowie der Schutz der Umwelt bei Tätigkeiten mit Gefahrstoffen. Inhaltlich zu berücksichtigen sind auch Hinweise und Anweisungen zu Gefahrenstoffen, die erst im Prozess entstehen oder freigesetzt werden.

Betriebsanweisungen enthalten Informationen über den sicheren Umgang mit Gefahrenstoffen und Bestimmungen zu Schutzmaßnahmen. Es braucht daher unternehmens- bzw. betriebsspezifische Konkretisierungen bzw. Ergänzungen. Der Bezug zu den individuellen arbeitsspezifischen Merkmalen muss klar herausgestellt sein. Folgende Mindestinhalte sind zu berücksichtigen:

- Informationen über die tatsächlich am Arbeitsplatz vorhandenen oder entstehenden Gefahrstoffe einschließlich Bezeichnung, Kennzeichnung und Beschreibung möglicher Gefährdungen für Gesundheit und Sicherheit.
- Informationen über anwendbare Vorsichtsmaßnahmen und Verhaltensregeln im Einzelfall.
- Informationen über Maßnahmen bei Störungen des Betriebs, bei Unfällen und bei Notfällen.
- Informationen über Vermeidungsmöglichkeiten der letztgenannten Fälle.

Gliederungsaspekte bei Betriebsanweisungen

Technische Regeln für Gefahrstoffe (TRGS) 555 beinhalten Anweisungen für die Konzeption einer Betriebsanweisung. Die Regeln sind für die Information der Beschäftigten bei Tätigkeiten mit Gefahrstoffen gemäß § 14 GefStoffV vorgesehen.

Betriebsanweisungen verfügen über eine einheitliche Gliederung mit sieben Punkten:

1. *Arbeitsbereiche, Arbeitsplatz, Tätigkeit*
   Der Anwendungsbereich der Betriebsanweisung ist genau festzulegen. Referenzpunkte sind die Bezeichnung des Betriebes, des Arbeitsbereiches, des Arbeitsplatzes und der Tätigkeit.
2. *Gefahrstoffe (Bezeichnung)*
   In Betriebsanweisungen sind Gefahrstoffe jeweils mit Bezeichnung zu benennen. Diese müssen den Angestellten bekannt sein bzw. bekannt gemacht werden. Bei Gemischen und Erzeugnissen sind die Handelsnamen maßgebend. Bei Gemischen wird überdies empfohlen, die gefahrbestimmenden Komponenten zusätzlich zu benennen.
3. *Gefahren für Mensch und Umwelt*
   Alle Gefahren, die im Rahmen der Tätigkeiten mit Gefahrstoffen entstehen bzw. entstehen können, müssen beschrieben werden. Referenz ist die Gefährdungsbeurteilung. Daher sind die Gefahrenhinweise (H-Sätze) und ergänzenden Gefahrenhinweise (EUH-Sätze) im Wortlaut oder in adäquater Umschreibung anzugeben. Auch sonstige Gefährdungen sind zu berücksichtigen. Diese haben zwar keine Einstufung, können sich aber z. B. aus betrieblichen Erfahrungen oder dem Unterabschnitt 2.3 des entsprechenden Sicherheitsdatenblattes ergeben.
4. *Schutzmaßnahmen, Verhaltensregeln*
   Schutzmaßnahmen und Verhaltensregeln, die zum Selbstschutz von Beschäftigen am Arbeitsplatz zu beachten sind, müssen erfasst und beschrieben werden. Eine Gliederung sollte nachfolgende Inhalte umfassen:
   - technische Schutzmaßnahmen zur Vermeidung einer Exposition oder eines Ereignisses, z. B. Bildung einer gefährlichen explosionsfähigen Atmosphäre,

- organisatorische Schutzmaßnahmen,
- Hygienevorschriften und relevante Arbeitskleidung,
- persönliche Schutzausrüstung.

5. *Verhalten im Gefahrenfall*
   Sofernin Alarm-, Flucht- und Rettungsplänen keine entsprechenden Hinweise gegeben sind, bedarf es der Ergänzung.Die Beschäftigen benötigen eine Anleitung für das Verhalten bei bestehender Gefahr oder bei unmittelbaren Gefahrenpotenzialen. Maßgebend sindVerhaltensanweisungen für den Umgang mit Rettungsmannschaften, mit Betriebsstörungen, mit Unfällen und mit Notfällen. Relevante Aspekte sind:
   - Löschmittel,
   - Aufsaugmittel,
   - Bindemittel,
   - Neutralisationsmittel,
   - spezielle Schutzmaßnahmen,
   - technische Schutzmaßnahmen,
   - Maßnahmen gegen Umweltgefährdungen und
   - Umgang mit zusätzlicher persönlicher Schutzausrüstung.
6. *Erste Hilfe*
   Alle vor Ort umsetzbaren Maßnahmen sind einzubringen. Wichtig ist auch der Hinweis auf jene Momente, bei denen ein Arzt hinzugezogen werden muss. Ebenso wichtig ist die Darstellung von verbotenen Maßnahmen.Weitere relevante Inhalte sind:
   - Erste-Hilfe-Einrichtungen,
   - Erste-Hilfe-Materialien,
   - Ersthelfer,
   - Notrufnummern,
   - besondere Erste-Hilfe-Maßnahmen.
7. *Sachgerechte Entsorgung*
   Unter diesem Punkt sind alle Aspekte zu nennen und zu erläutern, die relevant sind für die sachgerechte Entsorgung von gefährlichen Abfällen, die betriebsmäßig oder außerbetriebsmäßig entstehen können.

Umgang mit mehreren Betriebsanweisungen

Es ist im Einzelfall möglich Betriebsanweisungen nicht als Gesamtkomplex anzulegen, sondern die Inhalte aufzuteilen. Eine klassische Differenzierung ist die Unterteilung in einenstofforientierten und einen tätigkeitsorientierten Teil. Ein dritter Teil könnte betriebsspezifische Elemente beinhalten.

Werden zahlreiche Gefahrstoffe verarbeitet, sind iGruppen-bzw. Sammelbetriebsanweisungen unter der Voraussetzung zulässig, dass bei Tätigkeiten mit diesen Stoffen ähnliche Gefährdungen bestehen und vergleichbare Schutzmaßnahmen anzuwenden sind.

Zugang der Arbeitskräfte zu Betriebsanweisungen, zum Gefahrstoffverzeichnis und zu Sicherheitsdatenblättern
Betriebsanweisungen einschließlich zugehöriger Dokumentesind den Beschäftigten unmittelbar auszuhändigen oder für alle sichtbar und zugänglich zu machen. Außerdem gilt es nach § 14 Absatz 1 GefStoffV, den Zugang zu allen tätigkeitsbezogenen Sicherheitsdatenblättern sicherzustellen.

Aktualisierungen
Die Betriebsanweisung muss stets aktuell sein. Bei neuen relevanten Informationen sind Aktualisierungen vorzunehmen, ebenso bei relevanten Veränderungen der Arbeitsbedingungen. Ebenso ist der Aktualisierungsgrad der Gefährdungsbeurteilung einzubeziehen.

Unterweisungen

Unterweisung bedeutet, einer Person durch Weisungen, Wissen und Fertigkeiten zu vermitteln. Die Weisungen erfolgen in mündlicher und/oder schriftlicher Form. mündlich und schriftlich statt. Inhaltlich dominieren beim Explosionsschutz die Möglichkeiten und Risiken vonGefahren und das sicherheitsrelevante Verhalten. Unterweisungen sind verbindlich und schaffen Kompetenzräume. So darf ein Arbeitgeber nämlich nur dann Tätigkeiten mit Gefahrstoffen an Angestellte übertragen, sofern die zuverlässige und vertraute Ausführung und die korrespondierende Auseinandersetzung mit auftretenden Gefährdungen vorausgesetzt werden kann. Nach § 12 ArbSchG muss der Arbeitgeber seine Beschäftigten über Sicherheit und Gesundheitsschutz bei der Arbeit während ihrer Arbeitszeit ausreichend und angemessen unterweisen.

Zur Unterweisung sind die Betriebsanweisungen heranzuziehen. Mündliche Darstellungen vervollständigen die Unterweisung. Pauschale Unterweisungen sind unzureichend. Es braucht individualisierte Inhalte, also jene, die auf ganz konkrete Arbeitsbedingungen zugeschnitten sind.

Inhalte einer Unterweisung

- Tätigkeitsbereiche
- Aufgaben
- Gefährdungen (Brand- und Explosionsgefahren u. a.)
- Methoden und Verfahren zur Sicherheit
- Beispiele für betriebliche Situationen
- Kennzeichnungen
- Zoneneinteilungen
- Schutzmaßnahmen und sichere Arbeitsweisen

- technische Abläufe
- Zugangsmöglichkeiten zu Sicherheitsdatenblättern und zum Gefahrstoffverzeichnis
- grundlegendes Verständnis zu Sicherheit und Gesundheitsschutz

Bei Darstellung und Präsentation der Inhalte ist auf angemessene Form und Sprache zu achten. Alle Beschäftigten müssen die Inhalte nachvollziehen können.

Gestaltung einer Unterweisung

Inhaltlich sind alle sicherheitsrelevanten Aspekte zu berücksichtigen. Überdies gehört die mündliche Durchführung der Unterweisung durch Vorgesetzte zum gebotenen Umfang. Der „rote Faden" ist zu wahren: Arbeitsplatz- und Tätigkeitsbezogenheit.

Zu berücksichtigen sind der Ausbildungsstand und die berufliche Erfahrung der Fachkräfte, die es zu unterweisen gilt. Unerfahrene Kräftemüssen umfassender unterwiesen werden als Menschen mit großer Berufserfahrung. Auch konkrete Anleitungen sind bei unerfahrenem Personal zu nutzen.

Eine Unterweisung muss mehr sein als die reine Belehrung. Berufspädagogische und lernpsychologische Aspekte sind bei der Gestaltung zu berücksichtigen. Es können praktische Übungen initiiert und auch Lehr-Lern-Materialien entwickelt werden. Digitale Medien können der Unterweisung dienlich sein. Außerdem ist es möglich und zielführend, die Unterweisung kooperativ zu gestalten. So könnte beispielsweise neben den Vorgesetzten auch die Fachkraft für Arbeitssicherheit an der Unterweisung mitwirken. Gleiches gilt für den Betriebsarzt und andere Experten wie etwa den Gefahrstoffbeauftragten oder Berater von Geräteherstellern.

Das ändert nichts an der hierarchiegestützten Verantwortung des Unternehmers und seiner Führungskräfte. Hierbei ist weiterhin zu berücksichtigen, dass der Arbeitgeber die Pflicht hat, sich davon zu überzeugen, dass die Angestellten die Inhalte der Unterweisungen bzw. der Betriebsanweisung verstanden haben und umsetzen können.

Termine

Übliche Fristen bzw. Datierungen für die Durchführung von Unterweisungen sind:

- vor Aufnahme der Beschäftigung,
- danach immer einmal im Jahr (mindestens),
- bei Wechsel von Tätigkeitsbereichen,
- bei wesentlichen Veränderungen in Arbeitsprozessen (insbesondere bei Gefahrstoffverwendung und in Bezug auf Gestaltung vom Arbeitsplatz),
- bei Einführung neuer Arbeitsmittel,
- bei Einführung neuer Technologien und
- bei Änderung von Vorschriften.

Unterweisungen können auch in folgenden Sonderfällen anstehen:

- nach Unfällen oder Szenarien, die fast zu welchen geführt hätten
- bei Rückfragen der Arbeitskräfte
- bei unsicherem Verhalten von Arbeitskräften,
- bei anstehenden Arbeiten in ungewohnter Umgebung.

Unterweisungsdokumentation und Präsenzpflicht
Unterweisungen zu Gefahrstoffen müssen inhaltlich und zeitlich fixiert werden. Alle, Unterwiesenen bestätigen ihre Präsenz mit Unterschrift.

Bei den Unterweisungen ist sicherzustellen, dass alle relevanten Personen anwesend sind. Rechtzeitige Bekanntmachungen sind erforderlich und sollten Thema, Stichworte, Datum, Uhrzeit und Name des Unterweisers aufzeigen.

Die Dokumentation, die von allen Personen unterschrieben wird, ist mindestens zwei Jahre aufzubewahren. Den Unterwiesenen können Kopien ausgehändigt werden.

Zutritt und Zutrittsbeschränkungen

Zugangsbeschränkungen limitieren die Anzahl von Personen für bestimmte Bereiche. Es wird von einer notwendigen Anzahl an Beschäftigten ausgegangen, die den Bereich betreten dürfen. Alle darüber hinaus tätigen Personen haben kein Zutrittsrecht. Eingriffe Unbefugter sollen so vermieden werden. Zu dieser Gruppe gehören:

- Betriebsfremde,
- Angestellte mit nicht ausreichender Kompetenz und
- Angestellte ohne erforderliche PSA,
- nicht ein- oder unterwiesene Personen und
- Mitarbeiter, die körperlich bzw. gesundheitlich nicht geeignet sind.

Zugang nur für unterwiesene Personen
Tätigkeiten in explosionsgefährdeten Bereichen dürfen nur von Beschäftigten ausgeführt werden, die

- für diese Tätigkeiten unterwiesen wurden.
- mit den möglichen Gefährdungen vertraut gemacht worden sind.
- die relevanten Schutzmaßnahmen kennengelernt haben.

Nur bestimmte Aufgaben
Bei Arbeitsbereichen mit einer erhöhten Gefährdung ist zu gewährleisten, dass Angestellte nur beschränkten Zutritt bekommen, nämlich nur in Bezug auf die Wahrnehmung bestimmter Aufgaben.

Aufenthaltsverbot für Betriebsfremde

Von unbefugte Personen können Eigen- und Fremdgefahren ausgehen. Betriebsfremden sowie unbefugten Personen ist daher der Aufenthalt in bestimmten Bereichen zu verwehren. Missbrauch oder Fehlgebrauch von Schutzmaßnahmen gilt es zu vermeiden. Das Recht, Aufenthaltsverbote festzulegen, ist betrieblich festzulegen. Eine Orientierung an den tatsächlichen Erfordernissen ist anzuraten. Das Spektrum der Ausführung reicht von Verbotsschildern bis hin zur Bewachung ausgewählter Bereiche. Auch Erlaubnisscheine oder ein Ausweisverfahren können hilfreich sein.

Üblich sind auch Meldekarten und Meldebücher für die Registrierung von legitimierten Personen.

Auch Schlüssel, Transponder oder Magnetkarten für Berechtigte können verwendet werden, um ein Aufenthaltsverbot für Betriebsfremde durchzusetzen.

Weitere organisatorische Maßnahmen bzgl. der Zutrittsrechte und Aufenthaltsverbote können sein:

- Ansprechen von Betriebsfremden durch Personal
- Abschließen von Türen und Toren
- Aufbewahrung von Zugangsmöglichkeiten unter sicherer Verwahrung
- Abschließen von Schränken
- feste Bauweisen mit fensterlosen Außenwänden
- Gitter an Fenstern
- einbruchhemmende Türen
- Sicherheitszäune (ggf. mit Übersteigschutz)
- Alarmsysteme
- Engagement eines externen Wachpersonals

Kennzeichnung explosionsgefährdeter Bereiche

Organisatorisch ist die Regelung zur Kennzeichnung explosionsgefährdeter Bereiche vorzunehmen. Dies bezieht sich nicht nur auf Räume, sondern auch auf Stoffe und Zubereitungen. Beschäftigte müssen in der Lage sein, Stoffe über betriebliche Dokumentationen eindeutig feststellen zu können. Hierzu müssen Behälter, Apparaturen und Rohrleitungen, die Gefahrstoffe enthalten, so gekennzeichnet sein, dass mindestens die enthaltenen Gefahrstoffe sowie die davon ausgehenden Gefahren eindeutig identifizierbar sind. An Ort und Stelle fixierte Behälter wie Lagertanks und -silos sowie Rohrleitungen, die nicht Stoffe im Produktionsgang enthalten, sind mit dem Namen des Stoffes bzw. der Zubereitung, dem Gefahrensymbol und der Gefahrenbezeichnung zu kennzeichnen.

Verpackungen, die gefährliche Stoffe oder Gemische enthalten, müssen zum Schutz der Beschäftigten und der Umwelt eine Kennzeichnung tragen, sofern die Stoffe oder Gemische in den Verkehr gebracht oder Tätigkeiten damit durchgeführt werden.

Jeder Behälter, der einen Gefahrstoff enthält, muss aus Sicherheitsgründen gekennzeichnet sein. Diese Kennzeichnung ist gesetzlich vorgeschrieben und setzt sich aus mehreren Komponenten zusammen:

- Produktname,
- Gefahrensymbole,
- Bezeichnung der gefährlichen Stoffe,
- Gefahrenhinweise,
- Sicherheitsratschläge sowie
- Hersteller mit Adresse und Telefonnummer.

Um Art und Schweregrad der einzelnen Gefährdungen schnell zu erkennen, werden Gefahrenpiktogramme, Signalwörter und Gefahrenhinweise gemäß Art. 32 Abs. 1 der CLP-Verordnung zusammen auf dem Kennzeichnungsetikett angeordnet.

Zu berücksichtigen sind:

- Gefahrenklasse,
- Gefahrenkategorie,
- Gefahrenpiktogramm,
- Signalwort,
- Gefahrenhinweise (werden durch „H" dargestellt) sowie
- Sicherheitshinweise (werden durch „P" dargestellt).

Gefährliche Stoffe und Zubereitungen sind auch innerbetrieblich zu kennzeichnen. Diese Kennzeichnungen sollen die wesentlichen Informationen zu ihrer Einstufung, den mit ihrer Handhabung verbundenen Gefahren und den zu beachtenden Sicherheitsmaßnahmen beinhalten.

Kennzeichnung von Sicherheits- und Gesundheitsschutz

Bei Risiken bzw. Gefahren trotz getroffener Schutzmaßnahmen sind Sicherheits- und Gesundheitsschutzkennzeichnungen vorzunehmen. Sicherheitszeichen müssen am Arbeitsplatz eingesetzt werden, wenn ständige Verbote, Warnungen, Gebote und sonstige sicherheitsrelevante Hinweise gegeben sind.

Die Ziele der Kennzeichnung sind die arbeitsplatzbezogene Unfallverhütung und der arbeitsplatzbezogene Gesundheitsschutz. Tragende Inhalte sind:

- Gefahrenrisiken bestimmter Sachverhalte,
- Notwendigkeiten bestimmter Verhaltensweisen sowie

- Notwendigkeiten bestimmter Verhalten zur Unfallvermeidung einschließlich deren Folgen

Die Kennzeichnungen beinhalten oftmals Verbotszeichen, Warnzeichen und Gebotszeichen. Diese sind sichtbar anzubringen. Hierzu zählt auch die Berücksichtigung von Hindernissen am Zugang zum Gefahrenbereich. Mögliche Optionen der Kennzeichnung sind Schilder, Aufkleber oder gemalte Bilder. Sie alle müssen dauerhaft und deutlich erkennbar sein sowie aus Werkstoffen bestehen, die gegen die Umgebungseinflüsse vor Ort widerstandsfähig sind. Relevante Einflüsse sind chemischer Natur, Licht, Feuchtigkeit, Versprödung oder Feuer.

Spezial: Warnzeichen „Explosionsgefährdete Bereiche"
Für Arbeitsbereiche, in denen eine gefährliche explosionsfähige Atmosphäre auftreten kann, gilt es Zugänge mit dem Warnzeichen D-W021 „Warnung vor explosionsfähiger Atmosphäre" zu kennzeichnen.

Spezial: Verbotszeichen „Zutritt für Unbefugte verboten"
Das Betreten von Bereichen mit Brand- oder Explosionsgefährdungen ist zu verbieten. Es gilt das Verbotszeichen D-P006 „Zutritt für Unbefugte verboten" gemäß ASR A1.3.

Spezial: Verbotszeichen „Verbot von Rauchen und Zündquellen"
In Arbeitsbereichen mit Brand- oder Explosionsgefährdungen sind Rauchen und Verwenden von offenem Feuer und offenem Licht durch das Verbotszeichen P003 „Keine offene Flamme; Feuer, offene Zündquelle und Rauchen verboten" zu untersagen.

Persönliche Schutzausrüstung

Persönliche Schutzausrüstung (PSA) muss bereitgestellt werden. Eine PSA im Sinne der PSA-Benutzungsverordnung (PSA-BV) ist jede berufsbezogene Ausrüstung, die dazu bestimmt ist, von den Beschäftigten benutzt oder getragen zu werden, um sich gegen eine Gefährdung ihrer Sicherheit und Gesundheit zu schützen. Dieser Definition unterliegen auch sämtliche Formen der Zusatzausrüstung.

Zur persönlichen Schutzausrüstung gehören:

- Handschutz und Armschutz
- Fußschutz und Knieschutz
- Augenschutz und Gesichtsschutz
- Gehörschutz
- Kopfschutz
- Schnittschutz und Stechschutz

- Atemschutz
- Hautschutz
- Schutz gegen Absturz und zur Rettung aus Höhen und Tiefen
- Schutz gegen Ertrinken

PSA darf keinesfalls eine zusätzliche oder größere Gefährdung darstellen, als jene möglichen Gesundheits- und Sicherheitsrisiken, auf die der Schutzzweck ausgerichtet ist. Daher ist die richtige Auswahl der PSA entscheidend.

Ein Risikofaktor der PSA ist die mögliche elektrostatische Aufladung, die in explosionsgefährdeten BereichenZündungen auszulösen vermag. Personen können z. B. beim Gehen, Aufstehen von einem Sitz, bei Kleiderwechsel oder beim Umgang mit Kunststoffen sowie durch Schütt-oder Füllarbeiten oder Influenz beim Aufenthalt in der Nähe aufgeladener Gegenstände gefährlich aufgeladen werden. Kommt eine so aufgeladene Person mit einem leitfähigen Gegenstand in Kontakt, treten Funkenentladungen auf.

Der typische Wert für die gespeicherte Energie einer Person beträgt 10 mJ, der höchste zu erwartende Wert 15 mJ.
Beim Entladungsvorgang wird in der Regel nur ein Teil dieser Energie zündwirksam. Doch dieser Teil kann durch eine Entladung an der Wahrnehmungsschwelle von 0,5 mJ zündwirksam sein.

Arbeits- und Schutzkleidung

Arbeits- und Schutzkleidung dient nicht nur den tragenden Beschäftigten, sondern soll zudemdie Weiterleitung bzw. das Weitertragen von explosionsfähigen Stoffen in weitere Betriebsbereiche ohne planbare Explosionsgefahren unterbinden. Folglich sind dort weniger Schutzmaßnahmen gegenwärtig. Daher muss, verunreinigte Kleidung gesäubert bzw. entfernt und ersetzt werden.

Folgende Kategorien der Arbeits- und Schutzkleidung sind einschlägig:

Arbeitskleidung
Kleidung, die bei der Arbeit getragen wird. Sie hat im Normalfall keine spezielle Schutzfunktion. Sie dient als Ersatz oder Ergänzung zur Privatkleidung der Arbeitskräfte. Hauptfunktionen sind die Vermeidung von Verschmutzungen oder Arbeitseffizienz durch Befestigungs- und Transportmöglichkeiten für Werkzeuge und Materialien.

Schutzkleidung
PSA, die Rumpf, Arme und Beine vor schädigenden Einflüssen bei der Arbeit schützen soll. Schutzkleidung kann gegen einen Einfluss oder mehrere Einwirkungen helfen. Typische Kleidungsstücke dieser Kategorie sind:

- Warnkleidung für rechtzeitiges Erkennen von Personen (z. B. Warnweste),

- Wetterschutzkleidung für Schutz gegen Hitze, Kälte, Nässe usw., es braucht eine hohe Wasserdampfdurchlässigkeit und eine hohe Winddichtheit,
- Maschinenschutzanzüge ohne Außentaschen und mit enganliegenden Ärmel- und Beinabschlüssen, Knöpfe sind verdeckt um ein Hängenbleiben zu verhindern,
- Chemikalienschutzanzüge, die ihre Schutzwirkung in Relation zu Art, Aggregatszustand und Konzentration der Chemikalien entfalten,
- Flammenschutzanzüge zum Schutz vor Brandgefahren, bestehend aus flammenhemmendem Material,
- Schweißerschutzanzüge zum Schutz vor Verbrennungen durch Metallspritzer und bei kurzem Kontakt mit Flammen sowie Schutz gegen UV-Strahlen.
- Unterkleidung zur Verbesserung von Schutzwirkungen und Trageeigenschaften von Schutzanzügen.

Schutzkleidung kann gefährliche (vom Material ausgehende)Aufladungen generieren, z. B. bei PU-beschichtete Wetterschutzkleidung.

In Bereichen der Zone 0 und in Bereichen, in denen mit einer Sauerstoffanreicherung oder mit Gefahrstoffen der Explosionsgruppe IIC zu rechnen ist, darf nur ableitfähige Kleidung getragen werden.

Ableitfähige Kleidung besitzt einen spezifischen Oberflächenwiderstand von $R\varkappa$ < 5·1010 Ω.

Umkleidung außerhalb explosionsgefährdeter Bereiche

Normale Kleidung sowie Schutzkleidung können aufgeladen werden. Beim Tragen stellen diese Kleidungsstücke im Allgemeinen keine Zündgefahr dar, wenn die Person z. B. durch geeignetes Schuhwerk und geeignete Fußböden geerdet ist. Arbeits- oder Schutzkleidung darf in explosionsgefährdeten Bereichen der Zonen 0 und 1 nicht gewechselt werden. Sie darf daher auch nicht aus- oder angezogen werden. Die Arbeitskleidung sollte deshalb in adäquaten Umkleideräumen gewechselt und in Kleiderablagen aufbewahrt werden.

Hinweis: Eine getrennte Aufbewahrung von Arbeits- und Straßenkleidung ist nach § 9 Abs. 5 GefStoffV erforderlich, sofern beim Umgang mit Gefahrstoffen eine Verschmutzung der Arbeitskleidung auftreten kann und in der Folge mit einer Gefährdung der Beschäftigten zu rechnen ist.

Der Arbeitgeber muss getrennte Aufbewahrungsmöglichkeiten für die Arbeits-bzw. Schutzkleidung und die Straßenkleidung zur Verfügung zu stellen.

Reinigung

Regelmäßige Reinigung der Arbeits- und Schutzkleidung ist Pflicht. Die Ableitfähigkeit darf durch den Waschvorgang nicht beeinträchtigt werden. Möglichkeiten der Wahl der Reinigungsmittel und der Reinigungsmethode sind nach Herstellerinformationen zu berücksichtigen.

Schutzhandschuhe
Diese Schutzkleidung schützt Hände vor mechanischen, thermischen, chemischen oder biologischen Einflüssen. Auch ionisierende Strahlung kann abgewehrt werden. Häufig verwendete Materialien sind:

- Leder,
- Kunststoffe,
- Gummi,
- Naturfasern und
- Chemiefasern.

Es sind auch Kombinationen mehrerer Materialien möglich, wenn dies für die Schutzfunktionen erforderlich sein sollte. Ein Sonderfall sind Schutzhandschuhe aus Metall oder Metallgeflecht-Handschuhe gegen Stich- und Schnittverletzungen.

Kaschierungen mit Aluminiumfolie dienen der Wärmereflexion.

Durch Handschuhe aus isolierendem Material werden Objekte, die mit den Händen gehalten werden, gegenüber dem Körper-bzw. Erdpotenzial isoliert und können gefährlich aufgeladen werden.

Achtung: Werden in explosionsgefährdeten Bereichen der Zonen 0, 1 und 20 sowie in Zone 21 bei Stäuben mit einer Mindestzündenergie $\leq$ 10 mJ Handschuhe getragen, dürfen diese nicht isolierend sein.

(Zur Erdung von gehaltenen Gegenständen in einer Hand soll der Durchgangswiderstand der Handschuhe weniger als 108 Ω betragen.)

Industrieschutzhelme und Anstoßkappen
Der Kopfschutz besteht zumeist aus Industrieschutzhelmen oder Anstoßkappen, die mit anderen Komponenten der PSA getragen werden. Andere Komponenten können beispielsweise Schutzschirme, Schutzbrillen oder Gehörschützer sein.

Helme und Kappen können mit Zubehörteilen ergänzt werden.

Übliche Zubehöre sind Kinnriemen, Leuchtenhalter oder Nackenschutz.

Soll in Zone 1 ein Kopfschutz getragen werden,, muss er auch getragen werden, wenn er nur aus isolierenden Stoffen besteht. In Zone 0 sollen dagegen nur Industrieschutzhelme oder Anstoßkappen aus ableitfähigem Werkstoff getragen werden.

Sicherheitsschuhe
Diese Schuhe dienen dazu, die sie tragende Person vor mehreren Gefahren zu schützen, die über die normalen Risiken hinausgehen, welche normale Schuhe ansonsten vermeiden können. Die allgemeinen Schutzfunktionen von Schuhen sind:

- Schutz vor Wettereinflüssen,
- Schutz vor Verschmutzungen,

- Schutz vor Ausrutschen und Stürzen,
- Schutz vor Schnitt- oder Stoßverletzungen,
- Schutz vor falschen körpermechanischen Belastungen.

Sicherheitsschuhe können diese Funktionen verstärken und gleichzeitig gegen weitere negative Einflüsse schützen. Sicherheitsschuhe verfügen über Stahlkappen gegen Stoßeinwirkungen. Ebenso sind Materialien und Formungen möglich, die gegen chemische Einflüsse wirken.

Achtung: Verfügen Schuhe über eine unzureichende Antistatik können sie in explosionsgefährdeten Bereichen eine Gefahr sein.

In Bereichen, die durch explosionsgefährliche Stoffe oder Gemische gefährdet sind, braucht es ableitfähiges Schuhwerk. Personen, die ableitfähiges Schuhwerk auf ableitfähigem Fußböden tragen, laden sich nicht gefährlich auf, solange sie nicht einem stark ladungserzeugenden Prozess ausgesetzt sind.

Solche Prozesse können z. B. sein:

- laufende Antriebsriemen,
- pneumatische Förderung von Schüttgut sowie
- schnelle Mehrphasenströmung von Flüssigkeiten.

Dagegen sind manuelle Arbeitsprozesse nicht so sehr ladungserzeugend.

Je nach Größe des elektrischen Durchgangswiderstandes wird zwischen „leitfähigen", „antistatischen" und „elektrisch isolierenden" Schuhen unterschieden.

Handelsübliche Sicherheits-, Schutz- oder Berufsschuhe besitzen einen elektrischen Durchgangswiderstand zwischen 105 und 109 Ω. Solche Schuhe entsprechen nicht zwangsläufig den Anforderungen zur Vermeidung von Zündgefahren durch elektrostatische Aufladungen der TRGS 727. Dies geht auf unterschiedliche Messverfahren zurück. Vor Arbeitsbeginn in explosionsgefährdeten Bereichen sind deshalb Messungen vorzunehmen, ob der Fußschutz für die Arbeiten geeignet ist.

Ableitfähige Schuhe ermöglichen, dasseine auf ableitfähigem Boden befindliche Person einen Ableitwiderstand von höchstens 108 Ω aufweist. Deshalb ist in explosionsgefährdeten Bereichen der Zonen 0, 1 und 20 ableitfähiges Schuhwerk mit einem Ableitwiderstand der Person gegen Erde von höchstens 108 Ω zu tragen. Gleiches gilt in Zone 21 bei Stäuben mit einer Mindestzündenergie $\leq$ 10 mJ.

Um die Ableitfähigkeit der Schuhe nicht zu beeinträchtigen, dürfen sie nicht verändert werden. Schuheinlagen können die ableitfähige Eigenschaft beeinträchtigen. Socken oder Strümpfe können die Schutzwirkung leitfähiger und ableitfähiger Schuhe nicht verändern. Nur wenn ableitfähige Schuhe mit Erde in Kontakt stehen, speichern sie keine gefährliche elektrische Ladung. Haben Personen über den Fußboden keinen Erdkontakt, ist dafür zu sorgen, dass sie in explosionsgefährdeten Bereichen nicht gefährlich aufgeladen werden.

Das Explosionsschutzdokument

Eine Besonderheit im Explosionsschutz ist das Explosionsschutzdokument, das den passiven und den aktiven Explosionsschutz verbindet. Die Funktion dieses Dokuments ist der Ausweis von Gefährdungen durch gefährliche explosionsfähige Gemische bei der Dokumentation der Gefährdungsbeurteilung.

Rechtlicher Rahmen

Diese Pflicht ergibt sich aus der Gefahrstoffverordnung, wonach der Arbeitgeber im Rahmen einer Gefährdungsbeurteilung feststellen muss, ob die verwendeten Stoffe, Gemische und Erzeugnisse bei Tätigkeiten zu Explosionsgefährdungen führen können.

Hierzu:

- § 6 Abs. 9 Gefahrstoffverordnung
- Gefährdungsbeurteilung als Bestandteil der Beurteilung der Arbeitsbedingungen nach § 5 Arbeitsschutzgesetz
- ergänzend: § 9 Abs. 4 und Abschn. 3 Nr. 4.1 und 5.1 Betriebssicherheitsverordnung

Gemäß § 6 Abs. 9 Gefahrstoffverordnung sind inhaltlich verbindlich:

- Darstellung zur Ermittlung von Explosionsgefährdungen einschließlich einer Bewertung dieser
- Konzept zum Explosionsschutz
- Darstellung zur Notwendigkeit und Einteilung von Explosionsschutzzonen

D. Muro und F. Wolter, *Grundlagen Explosionsschutz*,
https://doi.org/10.1007/978-3-658-45435-7_4

- Darstellung von Bereichen, bei denen besondere Explosionsschutzmaßnahmen vorzunehmen sind
- Präsentation, wie Zusammenarbeit verschiedener Firmen geregelt ist
- Darstellung von Überprüfungen technischer Schutzmaßnahmen
- Auflistung von Prüfungen, die für den Explosionsschutz durchzuführen sind

Allgemeine gesetzliche Grundlagen und wichtige Vorschriften zum Explosionsschutz
Gesetze und Verordnungen

- Arbeitsschutzgesetz
- Betriebssicherheitsverordnung
- Produktsicherheitsgesetz
- Gefahrstoffverordnung
- Explosionsschutzrichtlinie 2014/34/EU
- alle berufsgenossenschaftlichen Schriften sowie alle Technischen Regeln (Inhalte: Angaben, Hinweise und Maßnahmen zum Explosionsschutz, Beispiele: TRGS oder TRBS), die genutzt werden für die anlagenspezifische Beurteilung und als Quellenreferenzen zu Begründungen der ermittelten Explosionsschutzbereiche

Wichtige Explosionsschutzvorschriften

- DGUV Regel 113-001
- TRGS 727 (Vermeidung von Zündgefahren durch elektrostatische Aufladungen)
- TRBS 1201-1 (Anlagenprüfung in explosionsgefährdeten Bereichen)
- TRBS 1203 (befähigte Personen)
- TRBS 2152 (gefährliche explosionsfähige Atmosphäre (allgemein))
- TRBS 2152-1 (gefährliche explosionsfähige Atmosphäre (Beurteilung der Explosionsgefährdung))
- TRBS 2152-2 (Vermeidung oder Einschränkung gefährlicher explosionsfähiger Atmosphäre)
- TRGS 723 (gefährliche explosionsfähige Atmosphäre (Vermeidung der Entzündung gefährlicher explosionsfähiger Atmosphäre))
- TRGS 724 (gefährliche explosionsfähige Atmosphäre (Maßnahmen des konstruktiven Explosionsschutzes zur Reduzierung der Auswirkungen einer Explosion auf unbedenkliches Maß))

Weitere Regelwerke haben direkt oder indirekt mit dem Explosionsschutz zu tun, so z. B. TRGS 509 zur ortsfesten Lagerung von Gasen oder TRBS 3145 für ortsbewegliche Druckgasbehälter oder DGUV Information 209-044 über Holzstaub.

Anforderungen an verantwortliche Person

§ 2 (5) BetrSichV und § 2 (16) GefStoffV legen zunächst fest, dass es für die verantwortlichen Personen eines Explosionsschutzdokuments keine besonderen Anforderungen gibt. Gleichzeitig liegt die Pflicht zur Dokumentation explosionsgefährdeter Bereiche beim Arbeitgeber. Dieser kann eine in seinem Unternehmen tätige Person bestimmen, bei der er davon ausgehen kann, dass sie Kenntnisse im Explosionsschutz hat. Diese Person ist dann verantwortlich für die Dokumentation.

Für die Auswahl des passenden Personals können Orientierungshilfen verwendet werden. Maßgebend istz. B. eine langjährige Erfahrung bzw. Beschäftigung der jeweiligen Person im Unternehmen oder eine entsprechende berufliche Ausbildung mit Bezug zu Themen des Explosionsschutzes und explosionsgefährdeter Bereiche. Eine weitere Option können Anforderungsmerkmale sein, die eine Person erfüllen muss, um dem Zweck der Überprüfung der Explosionssicherheit gerecht werden zu können.

Hierzu: BetrSichV §§ 14-17 i. v. m. Anhang 2 Abschn. 3. Die TRBS 1203 präzisiert die Anforderungsmerkmale.

Sollte ein Betrieb über kein Personal verfügen, das als befähigt eingeschätzt werden kann, hat der Unternehmer die Möglichkeit, Dritte mit dem Explosionsschutzdokument zu beauftragen. Die abschließende Verantwortung gibt der Arbeitgeber dadurch indessen nicht ab.

Erstellung eines Explosionsschutzdokuments

Ein Explosionsschutz muss vor der Inbetriebnahme von Ex-Bereichen erstellt und wiederkehrend aktualisiert werden. Eine Gliederung der Inhalte ergibt sich durch die DGUV-Regel 113-001, Kapitel E6. Es ist zudem möglich, dass ein Explosionsschutzdokument mit schon vorliegenden Beurteilungen zu Explosionsgefährdungen, Dokumenten oder gleichrangigen Berichten kombiniert werden kann.

Gliederungsvorschlag

I. Betrieb, Betriebsteil, Arbeitsbereich
II. Verantwortliche Personen für Betrieb, Betriebsteil, Arbeitsbereich, Anhänge und Erstellungsdatum
III. Kurze Beschreibung baulicher und geografischer Rahmenbedingungen
IV. Verfahrensbeschreibung einschließlich bzw. insbesondere jener Parameter, die für Explosionsschutz relevant sind
V. Stoffdaten
VI. Gefährdungsbeurteilung

a) Auftreten von gefährlicher explosionsfähiger Atmosphäre in der Umgebung der Anlage oder im Inneren von Apparaturen
b) Ausmaß der zu erwartenden Auswirkungen von Explosionen.

VII. Explosionsschutzmaßnahmen bzw. Darstellung des Schutzkonzepts
 a) Technische Schutzmaßnahmen
 b) Zoneneinteilung
  a. Inneres der Apparatur
  b. Umgebung der Apparatur
 c). Organisatorische Maßnahmen
  a. Unterweisung
  b. Schriftliche Anweisungen und Arbeitsfreigaben
  c. Koordination
  d. Dichtigkeit der Anlage, Kontrollgänge, Instandhaltung
  e. Prüfung von Einrichtungen der Prozessleittechnik
  f. Beseitigung von Staubablagerungen

VIII. Anlagen

IX. Genehmigungsvermerk

Inhaltliche Schwerpunkte
Tragende Inhaltsfelder sind:

- Informationen über den Normalbetrieb
- Dokumentation nicht-explosionsgefährdeter Bereiche
- Zoneneinteilung
- brennbarer Staub
- Dampfdruck
- Temperaturklassen
- Explosionsgruppen
- Schutzmaßnahmen gegen elektrostatische Aufladung
- Schutzmaßnahmen bei Instandsetzungsarbeiten

Normalbetrieb
Der Normalbetrieb umfasst die Auslegungsparameter für die zu beurteilende(n) Anlage(n)(-teile) oder Geräte hinsichtlich der konstruktiven und technischen Auslegung. Hierzu sind auch betriebsbedingt erwartbare Störungen zu zählen.

Zum Normalbetrieb gehören keine Instandsetzungs- und Wartungsarbeiten. Für solche Arbeiten braucht es ein angepasstes oder neues Explosionsschutzdokument, dasdie temporär anhaltenden Umstände berücksichtigt. Es kann nämlich sein, dass durch Reparaturen oder Wartungen Zoneneinteilungen oder Schutzmaßnahmen verändert werden.

WerdenDritte mit Arbeiten betraut, für die es ein Explosionsschutzdokument für den Normalbetrieb gibt, so muss der Arbeitgeber der Fremdfirma Sorge tragen, dass seine Kräfte für diese Arbeiten ein Explosionsschutzdokument erstellen. Gleichzeitig ist der Anlagenbetreiber verpflichtet, Dritten gegenüber die Arbeiten zu koordinieren. Er muss alle Gefährdungen darstellen, die an der Anlage auftreten können. Hier kann er das Explosionsschutzdokument zur Verfügung stellen.

Dokumentation nicht-explosionsgefährdeter Bereiche
§ 6 GefStoffV führt aus, dass explosionsgefährdete Bereiche in einem Explosionsschutzdokument festgehalten werden müssen. In der erfahrungsgemäßen Praxis ergeben sich nach Analyse häufig keine explosionsgefährdeten Bereiche. Damit fällt eine weitere Dokumentationspflicht weg. Eine Alternative zur Beendigung der Dokumentation besteht allerdings in einer Anfertigung eines „kleineren" Explosionsschutzdokuments. Hierbei handelt es sich um eine Beweisführung der zuvor festgestellten „explosionsungefährlichen" Bereiche.

Der Vorteil dieses Aufwands ist die nachvollziehbare Beweisführung gegenüber den Aufsichtsbehörden.

Zoneneinteilung

Gefährdungsgrad	Intervall des Auftretens der Gemische pro Jahr	Intervall des Auftretens der Gemische differenziert	Verweilzeit der Gemische
Zone 0	Höher als bei Zone 1	Höher als bei Zone 1	Länger als bei Zone 1
Zone 1	≥ 10-mal > 1000-mal	≥ 1-mal/Monat < 3-mal/Tag	Länger als 0,5 h bis 10 h
Zone 2	≥ 1-mal < 10-mal	≥ 1-mal/Jahr < 10-mal/Monat	Kürzer als 0,5 h

Die Zone 0 beinhaltet alle Bereiche, in denen gefährliche explosionsfähige Atmosphären als Gemische aus Luft und brennbaren Gasen, Nebeln und Dämpfen über einen langen Zeitraum bzw. häufig vorhanden sind. „Häufig" meint hierbei die zeitliche Dominanz. Dies bezieht sich meistens auf das Innere von Behältern oder Apparaturen unter der Voraussetzung, dass die Bedingungen der Zone 0 erfüllt sind.

Zone 1 ist ein Bereich, bei dem im Normalbetrieb gelegentlich eine gefährliche explosionsfähige Atmosphäre entstehen kann und zwar als Gemisch aus Luft und brennbaren Gasen, Nebeln oder Dämpfen.

Zone 2 umfasst Bereiche, in denen beim Normalbetrieb eine gefährliche explosionsfähige Atmosphäre als Gemisch aus Luft und brennbaren Gasen, Nebeln oder Dämpfen üblicherweise nicht oder nur kurzfristig auftritt.

Drei weitere Zonen sind wie folgt definiert (Berufsgenossenschaft Rohstoffe und chemische Industrie 2022b):

„Zone 20 ist ein Bereich, in dem gefährliche explosionsfähige Atmosphäre in Form einer Wolke aus brennbarem Staub, der in der Luft enthalten ist, ständig, über lange Zeiträume oder häufig vorhanden ist.

Zone 21 ist ein Bereich, in dem sich im Normalbetrieb gelegentlich eine gefährliche explosionsfähige Atmosphäre in Form einer Wolke aus in der Luft enthaltenem brennbarem Staub bilden kann.

Zone 22 ist ein Bereich, in dem im Normalbetrieb eine gefährliche explosionsfähige Atmosphäre in Form einer Wolke aus in der Luft enthaltenem brennbaren Staub normalerweise nicht auftritt, und wenn doch, dann nur selten und für kurze Zeit."

Brennbarer Staub

„Brennbarer Staub entsteht bei der Verarbeitung von brennbaren Rohmaterialien. Der Staub hat eine 1000-fache oder noch größere Oberfläche, was im Falle einer Entzündung zu einer sehr schnellen Verbrennung führt. Dadurch kommt es zum Druckanstieg und zu Explosionen in angrenzenden Bereichen.

Die in der Luft befindliche Partikelkonzentration kann sich bei Überschreitung eines bestimmten Grenzwertes entzünden. Bei vielen Staubarten ist dieser Wert so hoch, dass die normale Sicht eingeschränkt ist. Daher ist dies im Normalfall kein großes Risiko am Arbeitsplatz. Zum Hauptrisiko am Arbeitsplatz werden Staubschichten, die sich durch eine plötzliche Bewegung oder Druckluftreinigung mit der Luft vermischen" (Nederman Holding AB 2022).

Brennbarer Staub kann sehr stark explosionsgefährdend sein. Schon eine Staubmenge bei einer Schichtdicke von max. 1 mm auf dem Fußboden kann einen normal hoher Raum vollständig mit einem explosionsfähigen Staub-Luft-Gemisch ausfüllen. Zu berücksichtigen sind aber auch zahlreiche weitere Staubablagerungen auf allen möglichen Oberflächen bzw. Ablagerungsflächen.

Eine Explosion kann den Staub aufwirbeln und zu einer explosiven Kettenreaktion führen. Das Problem ist hierbei, dass Staub-Luft-Gemische und wirksame Zündquellen in ihren Auftrittswahrscheinlichkeiten nicht mehr unabhängig voneinander existieren.

Dieser Unabhängigkeit geschuldet sind zwei Konsequenzen:

1. die Reduzierung oder Beseitigung von Staub
2. die Vermeidung von wirksamen Zündquellen

Bei der Analyse von Explosionsgefährdungen bzw. bei der Entwicklung eines Explosionsschutzdokuments ist auf diese Aspekte besonders zu achten, weil von staubgenerierten Explosionen große Gefahren ausgehen.

Dampfdruck

Weiterhin ist bei einer Betrachtung von Explosionsbereichen auf den Dampfdruck (einer Flüssigkeit) zu achten. Wird die Temperatur erhöht, steigt dieser nämlich infolge einer verstärkten Verdampfung. Wirdeine Flüssigkeit auf eine Temperatur erhitzt, deren Dampfdruck gleich dem Gesamtdruck in der Flüssigkeit ist, kommt es zum Siedeprozess. Bei den meisten Feststoffen ist der Dampfdruck bei normalen Temperaturen und Drücken zu vernachlässigen.

Temperaturklassen T1 bis T6
Siehe hierzu das entsprechende Kapitel in diesem Buch.

Wichtig ist die Regel, dass anhand der Zündtemperatur die Zuweisung zu einer Temperaturklasse erfolgt.

Explosionsgruppen I und II
Die Differenzierung zwischen den beiden Gruppen erlaubt eine angemessene Auswahl an Geräten und Einrichtungen je definierter Explosionsgruppe. Explosionsgruppe I gilt für explosionsgefährdete Bereiche durch Stoffe in Grubenbauen, Gruppe II für alle übrigen Stoffe.

Stoffe der Explosionsgruppe II werden in Relation zu ihrer Zündempfindlichkeit durch die Zusätze „A", „B" oder „C" gekennzeichnet.

Grundlage hierfür ist die experimentell ermittelte Grenzwertspaltweite oder der Mindestzündstrom nach DIN EN 50014.

Schutzmaßnahmen gegen elektrostatische Aufladung
Auch hier ist auf das bereits Gesagte zu verweisen. Für das Explosionsschutzdokument sind weiterführende Informationen entscheidend, die an dieser Stelle ob des Umfangs des vorliegenden Buches nicht darstellbar sind. Alternativ gibt es von der Gesetzlichen Unfallversicherung ein Online abrufbares Dokument für die detaillierte Auseinandersetzung mit der Elektrostatik im Explosionsschutz. Die Ausgabe von 2005 bietet auf mehr als 100 Seiten ausführliche Betrachtungen zur Vermeidung von Zündgefahren infolge elektrostatischer Aufladungen.

Der Link lautet: https://www.uni-heidelberg.de/md/zentral/universitaet/beschaeftigte/service/sicherheit/brand_elektrostat_aufladung.pdf.

Schutzmaßnahmen bei Instandsetzungsarbeiten
Hier gelten alle allgemeinen und besonderen Explosionsschutzmaßnahmen, gerade jene, die erforderlich sind durch mögliche Veränderungen im System aufgrund der Instandsetzungsarbeiten. Alle Explosionsgefahren sind vor diesen Arbeiten zu beseitigen.

Mustervorlagen

Im Internet gibt es eine Fülle exemplarischer Explosionsschutzdokumente. Diese können in einfacher Weise durch eine Suchmaschine abgerufen werden. Es empfiehlt sich die folgende Suchwortkombination: „Explosionsschutzdokument" + „Muster". Die Bilder-Suche ist effektiv.

Kurzanleitung

1. Bereiche ermitteln, in denen eine explosionsfähige Atmosphäre entstehen kann
2. Explosionsgefahr in den ermittelten Zonen beurteilen
3. Bereiche in Ex-Zonen aufteilen
4. Schutzmaßnahmen definieren und umsetzen

Abschließende Worte

Der Explosionsschutz ist ein umfangreiches Themenfeld praktischer und theoretischer Auseinandersetzungen, wobei rechtliche Rahmenbedingungen und die Situation im Einzelfall entscheidende Kriterien sind für die Art und Weise sowie den Verlauf des Explosionsschutzes in einem Unternehmen. Die in diesem Buch angeführten Informationen wurden sorgsam aus den verschiedensten Quellen wie Fachliteratur und Rechtstexten zusammengetragen. Ein Anspruch auf Vollständigkeit wird nicht erhoben. Vielmehr sollen die Inhalte dazu dienen, sich in einem ersten größeren Schritt dem Explosionsschutz anzunähern. Zur Vertiefung ist die zugrunde gelegte Literatur zu empfehlen, die in diesem Buch wiederkehrend als Grundlage der Betrachtungen herangezogen wird.Neben den systematisierten Expertenerfahrungen und den juristischen Vorgaben und Leitlinien ist natürlich die eigene berufliche Praxis und Erfahrung wichtig. Diese kann sich durch entsprechende Handlungsfelder ergeben oder durch Weiterbildungen. Beide Optionen gehen oftmals Hand in Hand und sollten sich im Berufsleben auch gleichberechtigt gegenüberstehen. Im Explosionsschutz ist es wichtig, dass sich viele Menschen mit verschiedenster Erfahrung austauschen, um jedes noch so kleine Detail entschlüsseln zu können. Es gibt zwar eine Reihe an Standardisierungen, aber letztlich braucht es immer die individuelle Entscheidung, und diese istsorgsam, durchdacht, ausgewogen und langfristig zu gestalten.. Kooperation, Kommunikation und Weiterbildung sind hierfür die zentralen Stützpfeiler. Explosionsschutz ist zwar in erster Linie eine sehr praxisbezogene Disziplin, indessen auch sehr grundlagenbasiert, insbesondere im Zusammenwirken der Vor-Ort-Bedingungen und den naturwissenschaftlichen Zusammenhängen. Hinzu kommt, dass sich Explosionsschutz stets weiterentwickelt, so dass ein anhaltendes Lernen nicht ausbleibt.

D. Muro und F. Wolter, *Grundlagen Explosionsschutz*,
https://doi.org/10.1007/978-3-658-45435-7

Quellen- und Literatur

Bartknecht, Wolfgang & Zwahlen, Günther (1993): Explosionsschutz. Grundlagen und Anwendung. Berlin: Springer.

BAuA (2022): Stoffinformationen. URL: https://www.baua.de/DE/Themen/Arbeitsgestaltung-im-Betrieb/Gefahrstoffe/Arbeiten-mit-Gefahrstoffen/Stoffinformationen/Stoffinformationen_node.html [28.02.2022].

Beratungsgesellschaft für Arbeits- und Gesundheitsschutz mbH (2022): Explosionsbereich. URL: https://www.bfga.de/arbeitsschutz-lexikon-von-a-bis-z/fachbegriffe-c-i/explosionsbereich/ [05.03.2022].

Berufsgenossenschaft Rohstoffe und chemische Industrie (2022): TRGS 201 Einstufung und Kennzeichnung bei Tätigkeiten mit Gefahrstoffen. URL: https://www.baua.de/DE/Angebote/Rechtstexte-und-Technische-Regeln/Regelwerk/TRGS/TRGS-201.html [28.02.2022].

Berufsgenossenschaft Rohstoffe und chemische Industrie (2022b): Was sind Zonen? URL: https://www.bgrci.de/exinfode/ex-schutz-wissen/antworten-auf-haeufig-gestellte-fragen/explosionsschutz/2-umsetzung-der-explosionsschutz-regeln-ex-rl-dguv-regel-113-001/213-was-sind-zonen [22.11.2022].

BfGA GmbH (2022): Gefährdungsbeurteilung. URL: https://www.bfga.de/arbeitsschutz-lexikon-von-a-bis-z/fachbegriffe-c-i/gefaehrdungsbeurteilung-fachbegriff/ [13.02.2022].

Bundesverband der Unfallkassen (Hrsg.) (2005): GUV-Regel. Vermeidung von Zündgefahren infolge elektrostatischer Aufladungen. Ausgabe Januar 2005. GUV-R 132 (bisher GUV 19.7) Regeln für Sicherheit und Gesundheitsschutz. URL: https://www.uni-heidelberg.de/md/zentral/universitaet/beschaeftigte/service/sicherheit/brand_elektrostat_aufladung.pdf [23.11.2022].

Deutsche Gesetzliche Unfallversicherung e.V. (2022): GHS-Spaltenmodell zur Suche nach Ersatzstoffen. URL: https://www.dguv.de/ifa/praxishilfen/praxishilfen-gefahrstoffe/ghs-spaltenmodell-zur-substitutionspruefung/index.jsp [03.05.2022].

DIN Deutsches Institut für Normung e.V. (Hrsg.) (2020): Explosionsschutz. Berlin: Beuth.

Dyrba, Berthold (2022): Explosionsschutz für Fach- und Führungskräfte. CD-Rom-Set. Kein Ort: kein Verlag.

Dyrba, Berthold (2021): Kompendium Explosionsschutz. Köln: Carl Heymanns Verlag.

Forum Verlag Herkert GmbH (2021): Prüfhandbuch Explosionsschutz. Merching: Forum Verlag Herkert.

Friedl, Wolfgang J. & Keckstein, Thomas (2022): Grundwissen zum Erstellen guter Explosionsschutzdokumente. Berlin: Erich Schmidt Verlag GmbH & Co.

Laschinsky, Lars (2019): Explosionsschutz in der Praxis. FeuerTrutz Network GmbH.

Luksch, Andreas (2020): Explosionsschutzdokument richtig erstellen. Ablaufpläne, Prüfungen, Handlungshilfen. Landsberg am Lech: ecomed Sicherheit.

D. Muro und F. Wolter, *Grundlagen Explosionsschutz*,
https://doi.org/10.1007/978-3-658-45435-7

LUMITOS AG (2022): Brennbarkeit. URL: https://www.chemie.de/lexikon/Brennbarkeit.html [01.03.2022].

Nabert, Karl; Schön, Gerhard & Redeker, Tammo (2022): Sicherheitstechnische Kenngrößen brennbarer Gase und Dämpfe. Kenngrößen des Explosionsschutzes, zusammengestellt aus Schrifttum und eigenen Messungen. Online-Ressource.

Nederman Holding AB (2022): Was ist brennbarer Staub und wie können Sie ihn am Arbeitsplatz vermeiden? URL: https://www.nederman.com/de-de/knowledge-center/what-is-combustible-dust [21.11.2022].

o. A. (2021): Explosionsschutzdokument. DGUV Information 213–106 / Sachgebiet Explosionsschutz des Fachbereichs Rohstoffe und chemische Industrie der DGUV. Berlin: Deutsche Gesetzliche Unfallversicherung e.V.

Schubert, Wolfgang & Lüttgens, Günter (2022): Praxislexikon statische Elektrizität. Tübingen: expert verlag GmbH.

Stephan, Ursula & Schulz-Forberg, Bernd (2020): Anlagensicherheit. Berlin: Springer Vieweg.

Wilrch, T. & Wilrich, C. (2021): Gefahrenstoffrecht vor Gericht. 40 Urteilsanalysen zum Arbeitsschutz und zur Haftung nach Chemikalien- und Explosionsunfällen. Berlin: Erich Schmidt Verlag GmbH & Co. KG.

MIX
Papier aus verantwortungsvollen Quellen
Paper from responsible sources
FSC® C105338

FSC
www.fsc.org

If you have any concerns about our products,
you can contact us on
ProductSafety@springernature.com

In case Publisher is established outside the EU,
the EU authorized representative is:
Springer Nature Customer Service Center GmbH
Europaplatz 3, 69115 Heidelberg, Germany

Printed by Libri Plureos GmbH
in Hamburg, Germany